奇趣生物

QIQU
SHENGWU

李　玉　编著

中原出版传媒集团

中原农民出版社

·郑州·

图书在版编目 (CIP) 数据

奇趣生物 / 李玉编著 .—郑州 : 中原农民出版社，
2014.12
　（小学生好奇的知识世界）
　ISBN 978-7-5542-1101-4

　Ⅰ .①奇… Ⅱ .①李… Ⅲ .①生物学－少儿读物
Ⅳ .① Q-49

中国版本图书馆 CIP 数据核字（2014）第 307821 号

策 划 人　孙红超
责任编辑　连幸福
责任校对　钟 远
封面设计　王议田

出版：中原农民出版社
地址：郑州市经五路 66 号　电话：0371-65751257
邮编：450002
发行单位：全国新华书店
承印单位：三河市南阳印刷有限公司
开本：710mm×1010mm　　　　1/16
印张：14
字数：156 千字
版次：2015 年 5 月第 1 版　　印次：2020年1月第 3 次印刷

书号：ISBN 978-7-5542-1101-4　　　定价：35.00 元
本书如有印装质量问题，由承印厂负责调换

前　言

兴趣是最好的老师，兴趣是最大的动力，要在某方面快乐而持续地钻研下去离不开兴趣。

兴趣是因何而产生的呢？兴趣的产生源于好奇心。

中小学生有着最强烈的好奇心。很多在成人看来很平常的事情，他们则可能会觉得新奇，会对其产生浓厚的兴趣。而许多教育者对这种现象没投入足够重视，认为他们"见识少、少见多怪"，对那些事感到新奇很正常。这其实忽略了启发他们更有效学习知识的绝好机会。

中小学阶段是人生积累知识的最重要阶段之一。充分利用学生好奇心强的特点，激发和培养他们的学习兴趣，让他们自发、快乐地投入到学习中去，这样积累知识比机械要求他们广泛阅读背诵要快速高效得多。

为了有效引导广大学生的好奇心，激发和培养他们的兴趣，我们搜罗千奇百怪、妙趣横生的故事，汇集古往今来的科学秘密、历史趣闻、地理大观、奇趣动植物、生活中的科学、科学奇人奇事、奇妙的数学、宇宙大探秘等编写了这套书。

该套书语言通俗易懂，内容广泛，贴近中小学生生活和学习，处处凸显科学性、文学性和趣味性，能不知不觉地把他们的思维发散到广袤的神奇世界中，是广大中小学生快速积累知识不可多得的读物。

《历史秘闻》搜集古今中外的各类历史要闻，并揭开历史背后的真相，找寻尘封在书卷中的历史秘闻，以全面扩展中小学生的历史视野，解开他们心中的迷惑，开启他们的智慧之门。

《地理趣闻》运用优美而充满趣味性的语言激发中小学生的学习热情。奇特的沙漠、神秘的死亡谷、壮观的钱塘潮、奇特的万年冰洞等，不仅使他们了解地理知识，还将他们带入探索神奇现象的境界。

　　《奇趣生物》选取了一些濒临灭绝的珍稀动植物。从可爱的树袋熊到英武的白头海雕，从国宝级的大熊猫到被誉为"活化石"的扬子鳄，从食肉的猪笼草到结"面包"的猴面包树，从美丽的银杏树到魁梧的红杉等无数稀有而有趣的动植物，我们都较为详细地介绍了其独特形态和习性。

　　《数学之谜》有故事中的数学趣闻，有童话中的数学之谜，还有生活中的数学难题。它集趣味性和科学性于一体，将数学与我们生活的关联性生动形象地展现了出来。

　　《天文百科》从宇宙探索开始，从恒星、行星、彗星、流星等方面着手，比较全面地阐述了有关天文领域的知识，图文并茂，可读性强，是引导中小学生了解天文知识的启蒙图书。

　　好奇孕育兴趣，兴趣是学习和研究最大的动力，学习和研究是人类发明创造的基础，是人类不断进步的最原始推动力。我们要充分利用和引导好奇心，带着一颗好奇心走进神奇的未知世界，走向奇妙的知识世界。

　　如今科学高度发达，但已知世界和未知世界是圆圈内部与圆圈外部的关系——我们已知的越多，就意味着未知的更多，因而需要我们探索的未知世界是越来越广阔的。这需要我们时刻保持一颗好奇的心，有浓厚的兴趣，努力去学习、探索、研究、破解。

目　录

第一章　珍稀动物

奇趣生物

第二章　珍稀植物

第三章　有毒动物

奇趣生物

第四章　有毒植物

第五章　探寻动物不为人知的密码

第六章　探寻植物不为人知的密码

第一章　珍稀动物

地球上最古老的鱼——拉蒂迈鱼

拉蒂迈鱼，又名矛尾鱼，属于腔棘鱼目矛尾鱼科的唯一种，是唯一现生的总鳍鱼类，被称为鱼类的"活化石"。这不仅仅是因为它的数量少、生活范围固定，更重要的是它所蕴含的科学意义。

拉蒂迈鱼是地球上最古老的鱼类，出现在泥盆纪时期（距今4亿～3.6亿年前），早期生活在容易干涸的淡水河湖中。那时，它们的主要呼吸器官是鼻孔和鳔，后来由于环境的变化，在三叠纪以后，它们来到了海洋，逐渐进化成用鳃呼吸。

拉蒂迈鱼的身体圆厚，体表呈蓝色，腹部宽大，嘴里生有锐利的牙齿，属肉食性动物。有意思的是，一位美国科学家在解剖一条拉蒂迈鱼时，在它的输卵管里发现有5条幼鱼，显然，它是卵胎生的。

拉蒂迈鱼被科学家认为是早已灭绝的鱼类，可是在20世纪30年代，人

们竟意外地发现了活的拉蒂迈鱼。此后，拉蒂迈鱼不断被发现，但迄今为止，全世界仅发现了约200条，而且其分布区仅限于非洲南部马达加斯加岛的附近海域。

第一条拉蒂迈鱼的发现是很偶然的，这个发现有重大的意义，因为自那时起，拉蒂迈鱼在6500万年前就同恐龙一起灭绝的看法被打破了。

1938年12月22日，第一条拉蒂迈鱼在非洲东海岸的东伦敦岛附近大约73米的深海中被打捞到。可惜它出水后只活了3小时就死了，而且标本保存得不好。这条拉蒂迈鱼身长1.5米、重58千克，由于当时没有防腐剂，内脏器官大部分腐坏了，最后只把鱼皮保存了下来。

时隔14年后，1952年12月20日的夜里，在马达加斯加岛西北的科摩罗群岛附近捕到了第二条拉蒂迈鱼。这条鱼身长1.39米，形状和前一次发现的拉蒂迈鱼差不多。有趣的是，当发现拉蒂迈鱼的消息传到南非时，当时的南非总理立即下令，派军舰和军用飞机去取回这条珍贵的鱼。当载着第二条拉蒂迈鱼的飞机降落在南非首府开普敦机场的时候，南非总理亲自赴机场迎接。可见，拉蒂迈鱼是多么珍贵。当时，南非总理见到拉蒂迈鱼后说的第一句话是："噢，我们的祖先原来就是这个样子。"

人类最后一次发现拉蒂迈鱼是在科摩罗群岛附近，这条拉蒂迈鱼被钓上来以后养在捕鲸船中，活了19个小时。当时法国学者米洛特教授知道后，立即赶到现场，终于看到了活的拉蒂迈鱼。

那么，拉蒂迈鱼到底有什么价值呢？

20世纪80年代以前，科学界一直认为总鳍鱼类中的骨鳞鱼类是陆生四足动物的祖先，而拉蒂迈鱼是骨鳞鱼的近亲，它的现生种类的发现，无疑对研究脊椎动物由水生到陆生的进化提供解剖学上的重要证据。现在，虽然我国学者已经否定了骨鳞鱼类是四足动物祖先的理论，拉蒂迈鱼不再是四足动物祖先的近亲，但是，拉蒂迈鱼对于了解腔棘鱼目乃至总鳍鱼类的构造、生

活习性和进化关系等仍然有着重要意义。因此，拉蒂迈鱼仍然是研究生物进化的珍贵的"活化石"。

大家都知道，从猿到人不过是人类发展史的最后一个阶段，再向前追溯，就是从水生到陆生了。在研究这一阶段生物进化过程的时候，拉蒂迈鱼提供了宝贵的进化信息。

1982年，科摩罗政府将一条珍贵的拉蒂迈鱼浸制标本赠送给我国。这条国内唯一的拉蒂迈鱼标本就保存在北京中国古动物馆一层的展览大厅内。

中国国宝——大熊猫

大熊猫独产于我国，是中国的国宝，更是世界上最珍贵的动物之一，被誉为动物界的"遗老"和最珍贵的"活化石"。

大熊猫主要分布于四川西北的深山密林。据估算，目前大熊猫总量只有1000只左右。世界上除了我国有野生大熊猫外，只有少数几个国家的大型动物园里饲养着一两只，而这些被饲养在动物园中的大熊猫还都是我国作为国礼赠送的。由于大熊猫极其珍贵，所以，世界野生动物基金会于1961年选定大熊猫作为该会的会徽。

大熊猫虽然珍贵，但是人们发现它的时间却并不久远，而且发现大熊猫的过程中还有一段鲜为人知的故事呢。1869年，法国的传教士戴维来到中国。这年3月，他在四川省宝兴县的一户农民家里看到一张兽皮，这张兽皮只有黑白两色，戴维对此大感意外。10余天后，这位农民又捕回一只动物，这只动物的皮与农民家里的那张皮完全一样，除了四脚、耳朵、眼圈周围是黑色外，其他部位的毛色都是白色。戴维就确认它是熊属中的一个新种。可以这样说，动物学界的人士于1869年才首次发现大熊猫。

大熊猫是一种非常古老的动物，有300万年的历史。它曾经在地球上分布很广，和凶猛的剑齿象是同时代的动物。后来，由于地球环境的恶化，气候越来越冷，进入到第四纪冰川时期，许多动植物因冻饿而死，唯有大熊猫等极少数生物躲进了食物充足、能够避风而又与外界隔绝的高山深谷，顽强地活了下来。几百万年来，许多动物都在不断地进化，与原始模样相比早已面目全非，而大熊猫却保持了它的本来面貌。

刚生下来的大熊猫幼崽并不大，其体重仅为70~180克，但它的生长速度很快，到一个月时体重能达到1500克，半岁时则可达14千克左右，而到1岁时更是可达35千克左右。

大熊猫主要以竹为食，它对竹笋、竹叶、竹竿都来者不拒，而且食量惊人，一只大熊猫每天要吃掉20千克~30千克竹子。但你可不要误认为它是"素食主义"者，它也食肉，像鼠、羊、猪，甚至连猪、羊的骨头都是它的美味佳肴。大熊猫进食时间较长，一只大熊猫每天要用12个小时以上的时间来进食，有时长达16个小时。但可惜的是，它吸收得并不多，原因是它的消化力差，肠道也比较短，更不像牛、羊等食草动物那样有复胃。因此，大熊猫吃下的食物很快就通过消化道排出体外了，为了维持生存，它只有不停地

吃。由于竹子是大熊猫最喜欢的美味佳肴，所以这种相对来说较为单一的饮食习惯也使得它们的生存能力降低。比如，1975～1976年，在四川北部地区和甘肃南部一些地区发生了大面积的竹林开花枯萎的现象，以食竹为生的大熊猫由于无竹可食，竟饿死了130多只。

大熊猫憨态可掬，但实际上，大熊猫性情孤僻，不喜群居，独来独往是它的生活习性之一。即便是雌性大熊猫在产崽后，也只将幼崽带在身边生活1年左右的时间，之后，母子就不再结伴而居了。只有在繁殖期到来时，它们才会去寻找异性伙伴。然而，大熊猫发情期极短，一只成年大熊猫发情期每年也就几天的时间。雄性、雌性大熊猫发情期不尽相同，而它的择偶性又很强，从不随意结交异性伙伴。此外，雌性大熊猫每胎只产1～2只幼崽，而它又只具备喂养1只幼崽的能力，这些因素综合在一起就使大熊猫变得极为稀有了。

大熊猫因稀有而珍贵，并因样子可爱而备受人们的喜爱，同时也获得过不少无可比拟的殊荣：在1990年举行的亚运会上，大熊猫被定为大会的吉祥物；1984年，第23届夏季奥运会在洛杉矶举行，为了给大会增添隆重、热烈的气氛，洛杉矶市政府特地向我国借了一对大熊猫，该市动物园更因此比往年多接待了100多万参观者，而参观者大多要排队等上4个小时左右，才能与大熊猫见面3分钟；1978年，我国赠送给日本的大熊猫"兰兰"不幸病故，1亿多人口的日本国竟有3000万人为大熊猫致哀，日本首相也在哀悼者的行列。世界人民这样珍视大熊猫，作为与大熊猫同一故乡的中国人，我们更应当爱惜保护它。

"长江神女"——白鳍豚

白鳍豚，也称"白旗"，属哺乳纲，鲸目，淡水豚科，分布于长江中下游一带。人们称其为"长江神女""水中大熊猫""活化石"。白鳍豚是中国特有的珍稀动物，为国宝级的珍贵动物。

白鳍豚是一种美丽的动物，它们体长1.5～2.5米，有背鳍，背面呈淡蓝灰色，腹面呈白色，鳍为白色；喙突极狭长，约有30厘米，上颌和下颌几乎等长，且微微上翘，上下颌共有130多枚圆锥形的同型齿；额顶显著隆起；眼小，位于嘴角下方；耳孔极小，形似针眼，位于眼的后下方；颈部两侧、耳孔后及鳍肢上方区域有一半圆形的白色宽纹，在肛门上方的尾侧有两道半月形的白色宽纹。

白鳍豚雌性6岁，雄性4岁时可达性成熟。生殖交配期在4～6月份，孕期约9个月，至翌年1～2月份在江中分娩。母豚每年只生1胎，每胎1崽，偶有双胞胎。刚出生的幼豚吃母豚乳汁长大，并随群一起活动。

很多人都误认为白鳍豚是鱼，其实，它是兽而不是鱼类。它体温恒定，用肺呼吸，体内受精，胎生哺乳。据科学家发现，鲸类的祖先是生活在陆地上的原始哺乳动物，后来由于受冰川的袭击，它们不得不迁入水中避难。经过漫长的生物进化历程，演化成完全适应水中生活的特殊类群。

白鳍豚喜欢在远离岸边的江心主流区活动，是一种不喜欢接近人类的豚类。白鳍豚喜欢群居，常三五成群地在江心活动，偶尔也进入湖泊、长江支流与干流汇合处活动。白鳍豚用肺呼吸，每隔一两分钟就要露出水面换一次气。它换气时总是头先出水面，有时会喷出水花，喷出的水花不高，尾鳍并

不出水，出水呼吸时会发出声响。当天气闷热、暴雨即将来临之际，它便频频露出水面。

白鳍豚是肉食性动物，它们常在浅滩、岔流以及支流汇合处觅食，以鱼为主，其食量很大，一般摄食量可占体重的10%～12%。白鳍豚视觉很差，靠自身发出的超声波信号发现食物并用突袭方式吞吃食物。它有和猩猩一样发达的大脑，是一种聪明而有智慧的动物，并且具有"回声定位"的能力。

白鳍豚拥有流线型的体形及丰厚的皮下脂肪，这种结构在仿生学上有重要的科学价值。

葛洲坝和三峡大坝建成后，长江生态环境发生了急剧变化。而且航运业的发展、河道整治、机动船只增加、水质污染、江湖淤塞、使用有害渔具及有害捕捞方法等，严重威胁着白鳍豚的种族延续。据实测统计，现长江白鳍豚的数量已不足100头，远低于大熊猫。为使白鳍豚免遭灭绝的厄运，国家已将其列入一级保护动物，并将长江天鹅洲古道和安徽铜陵江段划为自然保护区，以保护白鳍豚，拯救这一濒危的物种。

鹿中"美人"——梅花鹿

梅花鹿属偶蹄目，鹿科。野生的梅花鹿曾在我国广泛分布，东北、华北、华东、中南地区都曾有过梅花鹿的踪迹。目前，华北的梅花鹿已经绝迹。在华东，仅江西彭泽县的桃花岭，据估算还有100头左右。原来产鹿数量较多的东北、中南，野生梅花鹿的数量也十分稀少了。现在，野生梅花鹿已被列为国家一级保护动物。

梅花鹿是一种中型的鹿类，体长约150厘米，尾长12厘米~13厘米，体重70千克~100千克。它们体形匀称，体态优美，毛色随季节的改变而改变，夏季体毛为栗红色，无绒毛，在背脊两旁和体侧下缘镶嵌着许多排列有序的白色斑点，状似梅花，在阳光下还会发出绚丽的光泽，因而得名。冬季，梅花鹿的体毛呈烟褐色，白斑不明显，与枯茅草的颜色差不多，借以隐蔽自己。它颈部和耳背呈灰棕色，一条黑色的背中线从两耳间贯穿到尾的基部，腹部为白色，臀部有白色斑块，其周围有黑色毛圈。

梅花鹿的头部略圆，面部较长，鼻端裸露，眼大而圆，眶下腺呈裂缝状，泪窝明显，耳长且直立，颈部长，四肢细长，主蹄狭而尖，侧蹄小，尾较短。雌梅花鹿无角，雄梅花鹿的头上有一对壮硕的大角，角分4杈，眉杈和主干成钝角，在近基部向前伸出，次杈和眉杈距离较大，位置较高，故人们往往以为它没有次杈，主干在其末端再次分成2个小枝。主干一般向两侧弯曲，略呈半弧形，眉杈向前上方横抱，角尖稍向内弯曲，非常锐利，是其生存斗争的有力武器。

梅花鹿在8月至10月份发情交配，孕期为230天左右，次年4月至6月份产

崽，每胎1崽，幼崽身上有白色斑点。

梅花鹿很机警，它的嗅觉、听觉都很敏锐，在觅食时它们多迎风而立，因为这样更利于嗅到敌兽的气味、听到敌兽的声音，一旦有所察觉，它们就会停止觅食和嬉戏，静听动静，如果确认有敌情，便会立刻迅速奔逃。

梅花鹿多生活于森林边缘或山地草原地区，当然，它们也会根据季节的变化而迁徙。梅花鹿是反刍动物，以青草、树叶为食，好舔食盐碱。雄鹿平时独居，发情交配时，雄鹿间为争雌鹿的争斗很激烈。

由于梅花鹿外表娴静，所以，人们也赋予了梅花鹿许多特殊的文化内涵。比如古代常将"梅花鹿"与"梅花榜"相联系：清代时，在鲁迅的故乡绍兴一带，科举考试的录取名单发榜时写成"梅花榜"——每一榜50名，第一名提高大写，第二名排在右下方，余者如是依次按顺时针方向去写，至第50名时刚好排在第一名的左下方，构成一幅由人名编织的圆形梅花图案，即被称之为"梅花榜"或"梅花图"。

梅花鹿具有很高的经济价值和药用价值，不过现在用以制药、制革的原料，都来自人工饲养的梅花鹿。由于人类过度的捕杀，野生梅花鹿数量极少，现人工养殖的梅花鹿已达数十万只。为了野生梅花鹿的繁殖，国家已经划定了野生梅花鹿自然保护区。

貌似忠贞的水禽——鸳鸯

鸳鸯属鸟纲，雁形目，鸭科。鸳鸯多在东北北部、内蒙古繁殖，在东南各省越冬，少数在台湾、云南、贵州等地不迁徙而为留鸟。多栖息于河谷、溪流、苇塘、湖泊、水田等处，为杂食性动物。为我国特产珍禽之一，属国家二级保护动物。

人们常说鸳鸯是水禽中最美的种类，但实际上，美是对雄鸳鸯而言。雄鸳鸯特征显著：头顶有红色和蓝绿色的羽冠，面部有白色眉纹，喉部呈金黄色，颈部和胸部呈紫蓝色，特别是它的两片橙黄色略带有黑边的翅膀，是辨认该鸟的明显特征。相比之下，雌鸳鸯的一身羽毛以灰褐色为主要色彩，就显得逊色多了。

那么，是什么原因导致了雌雄鸳鸯在外表上的巨大差别呢？这并不是大自然的偏爱，而是各有其用。雄鸳鸯的漂亮羽色可以引来雌鸳鸯组成"小家庭"；雌鸟羽色暗淡，有利于在巢内孵卵、育雏，以免轻易被敌害发现。通常情况下，鸳鸯的繁殖期为4～6个月，雌雄鸳鸯常常形影不离，多营巢于树洞中，每窝产卵7～12枚，卵呈淡绿黄色。

与其他生物相比，鸳鸯被人们赋予了更多的文化内涵。它常是诗人作诗、画家作画的题材，它羽衣华丽，堪称世界上最美的水禽，极具观赏价值。我国古代民间有这样的说法：一对鸳鸯一生中永不分离，如果其中一只死去，另一只也绝不再选配偶。因此，人们视其为爱情忠贞的象征，常常送给新婚夫妇绘有鸳鸯图案的礼品以祝愿他们的婚姻幸福长久。

福建省屏南县有一条11千米长的白岩溪，溪水深秀，两岸山林恬静，每年有上千只鸳鸯在此越冬，因此又称鸳鸯溪，那里是中国第一个鸳鸯自然保护区。然而，在鸳鸯自然保护区，人们实际观察到，鸳鸯只是在繁殖期建立固定的配偶关系，亲密相处，形影不离，但产卵、孵化、育雏都是雌鸟单独承担。雄鸟自"结婚"后，恰似"花花公子"一般，到处游玩，把"家"里的事情全部都推给了雌鸟。而且，一旦一方死去，另一方从不"守节"，而会再行婚配。

 红脸"旅行家"——白枕鹤

　　白枕鹤又叫白顶鹤、红面鹤，是大型涉禽，为冬候鸟。目前，白枕鹤的数量已极为稀少，据载不足百只，属于国家一级重点保护动物，也是《中日候鸟保护协定》中的保护鸟种。

　　白枕鹤体长约140厘米，嘴为黄绿色，脚为红色，其前额、头顶前部、头的侧部以及眼睛周围的皮肤裸露，均为鲜红色，其上生有稀疏的黑色绒毛，这也是它们被叫作"红面鹤"的原因。白枕鹤的嘴、颈和腿特别颀长，头的顶部、枕部和颈背部呈现白色则是它的明显特征。此外，它颈侧和前颈的下部以及下体呈暗石板灰色。上体为石板灰色。它们的尾羽为暗灰色，末端具有宽阔的黑色横斑。翅膀上的初级飞羽为黑褐色，具有白色的纹。

　　和其他的鸟类相比，白枕鹤的叫声非常嘹亮。鹤鸣高亢的奥秘是什么呢？原来它的气管特别长，盘绕成环，鸣叫的气流从肺部冲出，振动发声器官，并且在弯长的气管中产生了极大的共鸣。唐朝诗人刘禹锡曾作诗咏道："自古逢秋悲寂寥，我言秋日胜春朝。晴空一鹤排云上，便引诗情到碧霄。"这便是对白枕鹤的写照。如此高亢的叫声，且在空旷而秋高气爽的时节，无疑给人神情旷达之感。

　　正是由于白枕鹤俊逸独特的外形，自古以来，它便被认为是吉祥和长寿的象征，是神仙圣人的伙伴，受到大家的尊敬与爱护，有"仙鹤"的美名。早在1700多年前，我们的古人就注意到了它的特征。西晋陆机《毛诗义疏》载："鹤形状大如鹅，多纯白或有苍色者，今人谓之赤颊。"之后约800年，宋人罗愿又在《尔雅翼》中作了同样的记载。苍色是一种发蓝的青色，亦可

指灰白色，所以古人称白枕鹤为苍色、赤颊，是比较准确的。

白枕鹤多栖息于开阔的平原芦苇沼泽和水草沼泽地带，也栖息于开阔的河流湖泊岸边以及邻近的沼泽草地，有时出现于农田和海湾地区，尤其是在迁徙季节。白枕鹤多以家族群或小群活动，偶尔也见单独活动的，迁徙和越冬期间则多由数个或10多个家族组成大群活动。

白枕鹤的繁殖期为5~7月。3月末到达繁殖地时大多成对或成族群活动。由雄鸟和雌鸟共同营巢，但以雌鸟为主。

白枕鹤的巢很考究，呈浅盘状，主要由枯芦苇、三棱草、苔草、莎草和芦苇花、叶等构成。它的领域意识极强，在繁殖期，孵卵的雌鸟也常常伸头观望，稍有危险便悄悄地从巢中走出来，到离巢50米以外之后才突然起飞，使来犯者难于找到它的巢。当然，这个特征和白枕鹤机敏、警惕性高的特点是分不开的。

和其他鸟类相比，白枕鹤的雏鸟为早成性，约28~32天幼鸟就能破壳出

生，2~3小时就可走动，8小时后即可进食，20小时后便跟双亲离巢活动。白枕鹤的寿命为40~50年。

近年来，由于它们的生存环境逐渐恶化，加之一些人的肆意捕杀，白枕鹤的数量已大为减少。为了保护这种美丽的鸟儿，人们正在做着各种努力。

豹中珍品——雪豹

雪豹别名草豹、艾叶豹，属食肉目，猫科，豹亚科，豹属。雪豹的数量很少，但没有人确切知道野外现存多少只，估计种群数量仅有几千只，为我国濒危物种，国家一级保护动物。

雪豹属于高山性动物，终年栖息在雪线附近，为栖居海拔最高的猫科动物之一。雪豹的得名也缘于此。它的生活总是和"雪"有着不解之缘，比如雪豹的主要栖息地在可可西里，它夏季居住在海拔5000~5600米的高山上，冬季一般随岩羊下降到相对较低的山上。雪豹昼伏夜出，白天很少出来，常躺在高山裸岩上晒太阳，在黄昏或黎明时最为活跃，上下山有一定路线，喜走山脊和溪谷。

从外表上看，雪豹非常凶猛，但也并非没有可爱之处。它们的头小而圆，尾粗长，略短于或等于体长，尾毛长而柔软。全身为灰白色，布满黑斑。头部黑斑小而密，背部、体侧及四肢外缘形成不规则的黑环，越往后黑环越大。鼻尖为肉色或黑褐色，胡须颜色黑白相间，颈下、胸部、腹部、四肢内侧及尾下均为乳白色，冬夏体毛密度及毛色差别不大，雪豹是豹类中最美丽的一种。其寿命一般在10年左右，最长达15年。

雪豹继承了猫科动物勇猛机敏的特点，即使在一般情况下，动作也非常矫健灵活，善于跳跃，十几米宽的山涧常常一跃而过，三四米高的山岩一跃而上。由于其粗大的尾巴可做掌握方向的"舵"，它在跃起时可在空中转弯，因此其捕食的能力很强。

雪豹捕食时，以猫科动物特有的伏击式猎杀为主，辅以短距离快速追杀。雪豹以岩羊为主要食物，有时也袭击牦牛群，扑食掉队的牛犊。雪豹有相对固定的居住地点，育幼时多利用天然洞穴。

雪豹有很高的经济价值，很多人想获取雪豹的豹皮、骨骼等以供应毛皮和传统中医药市场。美国夏勒博士关于中国雪豹的一句话可谓点睛："不见雪豹，只见雪豹皮。"可见雪豹一直是人们狩猎和捕杀的对象。

雪豹独特的生活习性也给它们带来了很大的麻烦，因为它们有固定的活动路线，无论走多远，都按原路返回。偷猎者只要在其必经之路埋下铁夹就可将其捕获。当然，造成雪豹减少的原因也是多样的，比如雪豹的主要食物——岩羊的数量下降。

由于雪豹生活在高海拔地区，所以，人们对其进行饲养繁殖的难度很大，因为它很难适应低海拔地区的湿度、温度、气压和日照变化，所以在世界各地的动物园中，很少见到它们。因此，严厉打击偷猎、贩卖雪豹等不法勾当以及对雪豹生活环境的研究是今后制定保护雪豹的措施的一项棘手而重要的工作。

失踪多年的猛虎——华南虎

华南虎，别名南中国虎，属食肉目，猫科，是一种大型哺乳动物，也是我国特有的虎种。华南虎起源于200多万年前，是世界上现存5个老虎亚种的祖先。华南虎曾广泛分布于华南、华东和华中等地区，也被称作"中国虎"（史书上记载、描写的老虎一般都是指华南虎）。但由于长期过量的捕猎以及栖息环境的破坏，现在华南虎在许多地区都已销声匿迹了。现今华南虎已被世界自然保护联盟列为世界上最为濒危的物种和第一需要保护的虎种。

与其他虎种相比，华南虎个头偏小，毛色略深，身上的虎纹宽一点儿，脖子和脸也稍微长一些。华南虎主要生活在森林、丛林和野草丛生的地方，没有固定的巢穴，活动区域特别大，每日可行走50多千米。华南虎属夜行性动物，白天休息，晨昏活动最频繁。善于游泳，不会攀爬，捕食勇猛，喜单

独行动，视觉、听觉极为发达，脊柱关节灵活。行走时爪能收缩，没有响声，十分轻巧迅速，主要捕食大型食草类动物，饱餐后可维持数日。

据相关资料显示，在20世纪50年代初，我国大约还有4000只华南虎。尽管最为流传的一种说法是目前全世界野生华南虎数量估计在20～30只，但在最近30多年中，野生华南虎已经没有了目击记录。有关专家在对华南虎野外种群及栖息地进行调查，并几经论证后，认为该物种已经功能性灭绝。

近几年来，在鄂西、鄂南也有不少关于华南虎的讯息，如神农架自然保护区内对金丝猴进行跟踪观察的人看到华南虎的足迹，听到华南虎的吼叫声；具有一定狩猎经验的人也在神农架看到华南虎的足迹。在湖北省五峰县的后河国家级自然保护区，也有不少人看到华南虎的足迹。现在，全国动物普查科研项目的进行，对挽救我国这一特产濒危动物具有重要意义。

头顶长剑的"骑士"——剑羚

剑羚属于偶蹄目，牛科，长角羚属。剑羚可以分为两种，一种为南非剑羚，另一种为阿拉伯剑羚。南非剑羚主要分布在西南非洲贫瘠的干旱地区和热带稀树大草原，在卡拉哈里沙漠和纳米比亚沙漠可以见到它们的踪迹，但数量已经非常稀少，而阿拉伯剑羚已经永远消失在人们的视线中了。

从外形上看，剑羚的毛短而光滑，呈灰色到棕褐色。脸上有黑白斑纹，非常漂亮。头上有一对长长的角，角的长度平均为105厘米，一般是直的，有的稍微弯曲。

从食性上看，剑羚既吃草也吃树叶，因此在青草干枯的时候也能生存。剑羚经常饮水，但也能仅依赖水果和蔬菜中的水分而生活。

剑羚是群居动物，在集群中通常按年龄和有统治权的特点划分等级，其

领土范围也会根据剑羚性别和所在位置的不同而有所不同。在炎热干旱的环境中，剑羚形成了自己与环境作斗争的独特方式。比如，剑羚既能昼行也能夜行，在干旱的情况下，剑羚为避免在白天活动而过分失水，便仅在晚上或清早进食。

剑羚对环境的适应能力很强，在很多大型哺乳动物都不能居住的地方也能适应，比如在高高的沙丘和山上都能生存。剑羚大多生活在沙漠中，沙漠中恶劣的环境对任何生物来说，都是一种很大的考验，这也充分证实了剑羚顽强的生命力。

身披铠甲的"土行孙"——穿山甲

穿山甲，别名鲮鲤，属于鳞甲目，穿山甲科，主要产于我国长江以南地区至台湾省，以及邻国越南、缅甸、尼泊尔等地。穿山甲已被列为国家二级重点野生保护动物，并被列入《中国濒危动物红皮书·兽类》中，世界自然保护联盟将穿山甲所有种类都列入《濒危野生动植物种国际贸易公约》附录Ⅱ中。

穿山甲的体形狭长，体长一般为40～55厘米；尾扁而粗，一般长27～35厘米；头呈圆锥形，吻尖，无齿，舌细长，能伸缩，带有黏性唾液；体和尾有角质鳞。觅食时，穿山甲以灵敏的嗅觉寻找蚁穴，用强健的前肢掘开蚁洞，将鼻吻深入洞里，用长舌舔食蚂蚁。外出时，幼兽伏于母兽背尾部。受惊的时候，穿山甲会缩成一团，卷成球形。

穿山甲多在夏初交配，孕期约270天，冬末或春初产崽，每胎1个～2个。

穿山甲一般多栖息于山麓、丘陵或灌木丛、杂树林、小石混杂泥地等较

为潮湿的地方，挖洞居住，多筑洞于泥土地带，洞道深邃，巢位于长长洞道的末端，穿山甲深居其中，真如会土遁的"土行孙"。

中国古人很早就开始关注穿山甲了，根据陶弘景的《本草经集注》记载，穿山甲"能陆能水，日中出岸，张开鳞甲如死状，诱蚁入甲，即闭而入水，开甲蚁皆浮出，围接而食之"。从这几句不多的言语中，透露出穿山甲在捕食蚂蚁时独特而高超的技巧。

穿山甲的存在极大地维护了生态的平衡。由于穿山甲是以猎捕蚁类等害虫为食，所以其对森林、农作物及自然生态都有保护作用。另外，穿山甲的药用价值也很高，它是名贵的中药材原料，是我国14种重要的药用濒危野生动物之一。据《本草纲目》记载，穿山甲"除痰疟寒热，风痹强直疼痛，通经络，下乳汁，消痈肿，排脓血，通窍杀虫"。但由于它的栖息地遭到破坏及人们对其肆意捕杀，穿山甲数量急剧下降，濒于灭绝。对此，我国政府及国际社会对其给予了广泛的关注和重视，现已严禁猎捕这一珍贵的动物，使其得以正常繁衍，数量逐渐回升。

游动的"活化石"——中华鲟

中华鲟，属硬骨鱼纲，鲟形目，鲟科，鲟属。中华鲟是中国的特有鱼种，集中分布在长江、珠江、闽江、钱塘江、南海和东海。中华鲟被誉为"长江中的活化石"，是中外瞩目的稀世之宝，是国家一级保护动物。

中华鲟长1.7米~3.2米，身体呈椭圆筒形，最大个体重560千克。吻部尖长而凸出，口前有两对吻须，用来搜寻水底的无脊椎动物、小鱼和其他食物。体被长有5列骨质化硬鳞，背部1列，体侧及腹侧各2列。尾鳍为歪形尾，上叶长，下叶短。

中华鲟是一种海河间洄游性鱼类，它们喜欢栖息于沙砾底质的江段，幼鱼摄食水底栖无脊椎动物，成鱼主食鱼类。它们生在江河里，长在海洋中，

在那里发育、成长，成熟期较长，至性成熟需11～14年。中华鲟平常生活在海洋中，而当它们性成熟将要产卵繁殖时，却要潜游于江底，上溯3000多千米，到长江上游的四川江段至金沙江下游的江段进行产卵繁殖。秋季，当幼鱼孵出后，便跟随着亲鱼"远行"，顺流而下，到东海、黄海、渤海等海域去生活。可以说，是长江和金沙江奔腾的激流养育了它们的初生后代。

中华鲟是一种非常古老的生物，最早出现于距今约1.4亿年的白垩纪，因此，它在研究地质地貌变迁和生物演变规律等方面都具有重要价值。中华鲟的寿命很长，可活一二百年。但人类的贪欲是中华鲟最大的敌人，由于中华鲟肉质肥美，卵可制鱼子酱，是珍贵食品，鳔和脊索可制鱼胶，所以过去一直遭到过度捕捞。加之当时的人们忽视生态平衡，也使这种"长寿"的鱼类的命运遭到毁灭性的打击，已濒临灭绝的境地。比如，在20世纪70年代，中华鲟每年的捕获量在1000条左右，鱼卵被制成鱼子酱出口。当人们认识到这种单单注重眼前利益而不考虑生态平衡的行为所带来的危害时，中华鲟已是岌岌可危，于是，拯救中华鲟已成了一件刻不容缓的事情。

近年来，在全国大规模拯救中华鲟的活动中，中华鲟的悲惨命运有了转机。面对被截断了的长江故道，中华鲟终于能够及时适应环境。专业科研机构在葛洲坝为中华鲟建立起了新的产卵场所，出生的幼体也在逐年增多，被挽救的中华鲟成鱼以及人工繁殖、饲养的幼鱼一批批被重新放流到长江——它们的家中。目前，长江中的中华鲟数量已经趋于稳定，这标志着我国挽救和保护中华鲟的工作取得了相当大的成功，并为长江三峡工程兴建和保护珍贵水生动物提供了宝贵的经验。据有关资料统计，我国现存中华鲟约2000尾，但仍需要人工保护。

无与伦比的"演唱家"——独角犀

独角犀，又名印度犀、大独角犀，属哺乳纲，奇蹄目，犀科，曾广布于印度、尼泊尔和不丹，但目前数量已经很稀少。在我国西藏东南地区可能还有少量分布，但数量极少，已被列为国际濒危物种。

独角犀是一种外貌极为奇特的动物，它是仅次于大象的陆上庞然大物，是个体最大的犀牛。独角犀全身几乎无毛，皮厚且韧，多皱襞，色黑灰而略发紫。它有异常粗笨的躯体，短柱般的四肢，庞大的头部，吻部上面长有一只锥形的角，头的两侧生有一对和庞大的体形极不相称的小眼睛。它们虽然身体庞大，相貌丑陋，却是胆小不伤人的动物。与其他动物相比，独角犀有着无与伦比的"演唱"才能，它甚至可以发出10种不同的声音。我国古人很早就开始了对独角犀的记载，据说郭璞《尔雅·注疏》中就提到了独角犀，只可惜郭璞将独角犀和兕混为一谈了。独角犀的孕期长达16个月，幼崽的吃奶期约18个月。母犀牛对幼崽的照顾和保护极为细致，幼崽留在母亲身边的时间达数年之久。

独角犀栖息于潮湿茂密的热带丛林，通常单独活动，但是常见母兽与幼兽一起生活的景象。独角犀喜欢水和泥浴，它们游泳的技艺超群。独角犀晨昏视觉较差，但嗅觉和听觉灵敏。它们是食草动物，从水草到树叶无所不吃。独角犀白天多在杂草中休息，在清晨、傍晚和夜间最为活跃，每天约有14个小时用来进食，它们还常常造访农田，毁坏作物。

在交配季节，雄兽之间常会为争夺交配权而爆发激烈的争斗，但与其他犀牛不同的是，独角犀争斗时的"武器"不是它们尖利结实的角，而是下排牙齿。

和其他许多珍稀物种一样，独角犀的命运也令人担忧。人们把独角犀的角当成珍贵的药材，同时也将它与象牙一样用来雕刻制成各种精美的工艺品，因此长期对独角犀进行过度的猎杀，导致其数量剧减。另外，栖息地的破坏也是导致独角犀数量锐减的一个原因。

近些年，由于人类充分意识到了保护动物资源的重要性，许多针对独角犀的保护工作已开始进行，并取得了突出的成就。目前，野生独角犀的数量大约为2500头。

 # 中国土龙——扬子鳄

扬子鳄别名中华鼍、土龙、猪婆龙等，属爬行纲，鼍科，是现存最古老的爬行动物，具有2亿多年的历史，为我国特有的动物。扬子鳄主要分布在安徽南部以及与安徽南部交界的浙江的沼泽地区，是我国现存的唯一鳄种。《世界自然保护联盟红皮书》把野生扬子鳄定为"极危级"，我国将它定为国家一级保护动物。

成年扬子鳄体长可达2米；头扁，吻长，外鼻孔位于吻端，具有活瓣；身体外披角质鳞，角质鳞似长方形，排列整齐，有两列甲片凸起形成两条脊纵贯全身；背面的角质鳞有6横列，背部呈暗褐色，有黄斑和横条；腹部角质鳞较软；尾侧扁，尾部有灰黑相间的环纹；四肢短粗，趾间有蹼，趾端有爪。扬子鳄在5~6月份进入繁殖期，7~8月份产卵，卵白如鸡蛋，2个月后小鳄孵化出壳。初生的小鳄为黑色，带黄色横纹，它们十分虚弱，常受到其他动物的威胁。

扬子鳄善于游泳，穴居在池沼底部，主要以螺、蛙、虾、蟹、鱼及鼠、鸟等为食。遇上较大猎物时，它会以粗硬的尾巴击打对方。饱食一顿后的扬子鳄可长时间不吃东西。扬子鳄有冬眠习性。寒冬，扬子鳄钻到地下洞中蛰伏，冬眠至4~5月份。地下洞穴的穴顶有通气小孔，洞窟一般是长达几米到20米不等的隧道，内铺枯木、杂草等。

爬行动物曾称霸于中生代，那时，地球是它们的天下。后来，因为环境变化，恐龙等许多爬行动物不能适应而绝灭了，而扬子鳄等爬行动物却一直繁衍到今天。在扬子鳄身上，至今还可以找到早先恐龙类爬行动物的许多特征。所以，人们称扬子鳄为"活化石"。

扬子鳄具有重大的学术价值和科研价值，它在生理上具有许多残遗特征，它在分布上的不连续性也说明了这一点。为了探索扬子鳄的奥秘和保护这一珍贵物种，我国已建立了扬子鳄保护区和扬子鳄繁殖研究中心。

善良的"海上救生员"——海豚

海豚，也称真海豚、普通海豚，属哺乳纲，鲸目，海豚科。其广泛存在于各大洋中。

海豚的身体呈纺锤形，成年海豚体长约2～2.6米，身体背面呈蓝灰黑色，腹面为白色，体侧呈土黄色及灰色，眼眶为黑色，从眼眶后至肛门间，常有两条灰色带纹，有背鳍，鳍肢基部有一暗纹延伸至下颌，吻细长，有额隆，上下颌各有90～110枚尖细的牙齿，但奇怪的是，它们有这么多牙齿却不会咀嚼食物，而是习惯于把所获猎物整个吞下去。它们的食物主要是鱼、乌贼、虾、蟹等。

海豚虽然是海洋哺乳动物，但它们却是大海里的游泳高手。通常情况下，海豚喜欢结队漫游，时速可达40千米以上。海豚呼吸的方法和鲸一样，多是用头顶上的气孔来呼吸。通常，它们在潜入水中之前，先是深深地吸一口气，然后潜入水中，它们甚至可以潜至水深30多米的地方。这要归功于它们有一个构造极为特别的肺，可以迅速减压。

和其他动物相比，海豚还有一个奇特的能力，就是它能发射和接收超声波。它们凭着这种能力，能够准确判别障碍物或猎物的位置，能够与同类互相联系，雄海豚也能凭此找到与它失去联系的伴侣。海豚在发射声波时，头部的气囊发出频率高低不同的声音，前颚的2个气囊随着头部的摆动向不同方

向定向发射。而接受超声波时则有所分工，耳朵接收低频率声波，颚部接收高频率声波。正是由于它有这种高超的发射和接收超声波的本领，因而它在海洋中高速游动时，不会碰上障碍物。海豚的这种避碰的本领，使得它常能为海轮导航，使海轮避免触礁。据记载，在新西兰近海海域，有一片海礁密集区，曾有过一条白色海豚，从1871年开始，连续40年为海轮领航，直到老死，真可谓"鞠躬尽瘁，死而后已"了。

海豚的大脑非常发达，这使得它们在海洋生物中显得智慧超群。它们能够学会很多复杂的动作，并有良好的记忆力，不少科学家甚至认为，海豚的智力超过猿。在有些海滨浴场内还有经过训练的海豚专门执行陪同游客游玩的任务，甚至它们还能潜入水底为游客们找回丢落到海底的物品。

此外，大家很感兴趣的就是生活在海里的生物是怎么睡觉的。比如海豚，它睡觉没有固定的时间，可能在白天，又可能在晚上。它们睡觉时，通常会浮近水面，而且只会让一边的脑休息，而另一边则继续工作。因为在海洋中，如果它们处于熟睡状态，很容易遭到敌人侵袭而不能逃脱。

海豚既不像森林中胆小的动物那样见人就逃，也不像深山老林中的猛兽那样遇人就张牙舞爪。海豚总是表现出十分温顺可亲的样子与人接近，它们有时甚至比狗对人类更为友好。

海豚与人玩耍、嬉戏的报道我们随处可见，海豚救落水的人的故事甚至成为轰动一时的美谈。1959年夏天，"里奥·阿泰罗"号客轮在加勒比海因爆炸失事，许多乘客都在汹涌的海水中挣扎。不料，祸不单行，大群鲨鱼云集周围，眼看众人就要葬身鱼腹了。在这千钧一发之际，成群的海豚犹如"天降神兵"般突然出现，向贪婪的鲨鱼群猛扑过去，赶走了那些海中恶魔，使遇难的乘客转危为安。"海上救生员"的美名也就随之远扬了。

人类和海豚的故事总也讲不完，法国著名的唯美主义电影《碧海蓝天》为我们讲述了下面这样一个故事：一个从小就酷爱大海的少年与海豚结下了不解之缘，他最喜欢做的事情就是潜到深海里，去和海豚共舞！

鸟类"东方宝石"——朱鹮

朱鹮有鸟类"东方宝石"之称，属鹳形目，鹮科，别名朱鹭，也被称为朱脸鹮鹭、日本凤头鹮、红鹤鹮等。由于它体态优美，性情温驯，我国人民把它当作吉祥的象征，叫它"吉祥之鸟"，日本人叫它"仙女鸟"。朱鹮是世界上最濒危的鸟类之一，1994年11月30日，世界自然保护联盟理事会通过《国际濒危物种等级新标准》，将朱鹮列为极濒危动物。

朱鹮体长约77厘米，体重约1.8千克。雌雄羽色相近，体羽为白色，羽基微染粉红色，初级飞羽基部粉红色较浓；后枕部有长的柳叶形羽冠；额至

面颊部皮肤裸露，呈艳丽的鲜红色；喙细长而末端下弯，长约18厘米，黑褐色，末端红色；腿长约9厘米，为朱红色。

朱鹮每年5月产卵，每次产卵3～4枚，卵呈淡青色具褐色细斑。雄雌朱鹮轮流孵卵。大约1个月时间，雏鸟破壳而出，慈爱的父母轮班照看，喂养雏鸟。小朱鹮1个月后，羽翼逐渐丰满，开始学习飞行，不久就能独自外出觅食了。

朱鹮平时栖息在高大的乔木上，觅食时才飞到水田、沼泽地和山区溪流处，以捕捉蝗虫、青蛙、小鱼、田螺和泥鳅等为生。朱鹮的天敌很多，乌鸦和青鼬常来争巢毁蛋，伤害幼鸟，所以它对巢区的选择非常严格。朱鹮一般是一边孵卵育雏，一边扩大加固窝巢。

朱鹮曾广泛分布于西伯利亚的西南部，我国的中部、东北部，日本的南部和朝鲜半岛。据载，19世纪末20世纪初，黑龙江上游、乌苏里江流域、兴凯湖沿岸都曾是朱鹮的栖息地，特别是西伯利亚湿地中，朱鹮的数量多如麻雀。1911年12月，在朝鲜半岛的西岸金堤，成千上万只朱鹮在那里集群，以至于如遮天蔽日的云霞一般。进入20世纪六七十年代后，由于环境恶化等因素导致朱鹮的种群数量急剧下降，野外几乎没有了朱鹮的踪影。幸运的是，朱鹮在失踪多年后，于1981年被人们在陕西省洋县姚家沟重新发现，当时数量为7只，曾轰动世界。此后，科研人员对朱鹮的生活习性进行了大量科学研究，并取得了显著成果，特别是在饲养繁殖方面。1989年，人工孵化朱鹮首次获得成功。自1992年以来，雏鸟已能顺利成活，为拯救这一珍禽带来了希望。经过20多年的人工繁殖和精心饲养，截至2003年，我国朱鹮的野外种群和人工繁育种群已经达到400多只。

蛇类的天敌——蛇雕

　　蛇雕别名大冠鹫、白腹蛇雕，属于鹰科，分布于我国云南南部、贵州、广西、广东、安徽南部以及福建等地，属国家二级保护动物。

　　成年雄蛇雕身长约70厘米，是大型猛禽。它头顶及其羽冠尖端均为黑色，这使它看起来显得更加威风凛凛。上体为暗褐色，两翼小覆羽上缀有白点；下体为土黄色，腹部和两胁夹杂有白斑；尾部为黑色，中间有一条宽的淡褐色带斑；尾下覆羽为白色；喙虽灰绿色，蜡膜为黄色。

　　蛇雕在每年的4~6月份繁殖，每次产卵1枚，卵色为乳白或黄白杂以红棕色斑痕。孵化期35天，雏鸟为晚成性，由亲鸟抚养60天左右才能飞翔。蛇雕是留鸟，平时栖息于山林，偶尔也会到林缘开阔地带活动，营巢于高树上，用树枝搭成平台式的巢，内铺绿叶。

蛇雕嗜食蛇类，是蛇类的天敌，它捕蛇和吃蛇的方式都十分奇特。它先是站在高处，或者盘旋于空中窥视地面，发现蛇后，便从高处悄悄地落下，用双爪抓住蛇体，用喙钳住蛇头，翅膀张开，支撑于地面，以保持平稳。由于捉到蛇后大多是囫囵吞食，不需要撕扯，所以蛇雕的喙没有其他猛禽发达。但它的颚肌非常强大，能将蛇的头部一口咬碎，然后吞进蛇的头部，接着将蛇整个吞下。在饲喂雏鸟的季节，成鸟捕捉到蛇后，并不全部吞下，往往将蛇的尾巴留在嘴的外边，以便回到巢中后，能使雏鸟叼住这段尾巴，然后将整个蛇的身体拉出来吃掉。

我国古人称蛇雕为"鸩"，并由于其所吃的蛇类中有很多是有剧毒的种类，所以它也被误认为是一种有毒的鸟。古人认为，将它的羽毛浸泡在酒中，就能制成毒酒，因此有"饮鸩止渴"的成语。李时珍在《本草纲目·禽部》中记载其毛有剧毒，入五脏，能杀人。不过，现代科学已经证明这些说法都是荒谬的。

溪谷精灵——水鹿

水鹿也称黑鹿，在当地又被称为山马，属哺乳纲，偶蹄目，鹿科，是热带、亚热带地区体形最大的鹿类。主要分布于缅甸、印度等地，在我国主要分布于中南和西南各地。

水鹿身长120～220厘米，肩高100～130厘米，体重180～250千克，最大的可达300多千克。雄鹿生有粗大的角，角从额部的后外侧生出，稍向外倾斜，相对的角杈形成"U"字形。角形简单，呈三尖形。角的前端部分较为光滑，其余部分粗糙，基部有一圈骨质的瘤突，称为"角座"，俗称"磨盘"。水鹿的角在鹿类中是比较长的，一般为70～80厘米，最长的可达125厘米。水鹿从额至尾沿背脊有一条宽窄不等的深棕色背纹，臀周围的毛呈锈棕色，颈具深褐色鬃毛，体侧为栗棕色，尾毛为黑色。水鹿的颜面部稍长，鼻吻部裸露，耳朵大而直立，眼睛较大，眶下腺特别发达而显著，尤其是在发怒或惊恐时，可以膨胀到与眼睛一样大。另外，水鹿的蹄甲很硬，可在布满岩块、石砾的山地活动，其四肢长而有力，可在陡峭的溪谷行走。

水鹿繁殖季节不定，孕期为6～8个月，每胎产1只崽，偶尔产2只崽，幼崽身上有白色花斑。水鹿2～3岁时性成熟，寿命为14～16年。

水鹿是一种调皮而活泼的动物，它们生性喜水，雨后活动频繁，常到溪涧喝水或沐浴，有时还在水泉中洗浴，滚上一身泥巴，即使在寒冷的冬季，也喜欢在水边流连忘返。民间有"虎蹲草山，鹿伴溪泉"的说法，它所以得名"水鹿"。

水鹿有群居的习性，一般栖息于海拔300～3500米的热带、亚热带阔叶密林或针阔混交林地带。水鹿喜欢在早晨、傍晚和夜间活动，白天隐于林间休息。水鹿性情机警、谨慎，其嗅觉、听觉都十分灵敏，常站立不动，竖起耳朵倾听四周的动静，并且用前肢有节奏地轻轻敲打着地面，一旦听到异常声响，或者闻到豹、狼等猛兽的气味便迅速逃走。水鹿在树林、草丛中奔跑自如，因此，在海南还有"山马精，山马精，听到狗叫翻过岭"的民间歌谣。水鹿无固定的巢穴，有沿山坡作垂直迁移的习性。水鹿以青草、树皮、竹笋、嫩叶为食，亦盗食农作物。

和其他的鹿一样，水鹿也是一种可药用的动物，加之人类对其美丽大角的贪欲，因此水鹿也受到了人类大量地捕杀，在有些产地甚至已濒于灭绝。目前，我国估计有水鹿20000只左右，为国家二级保护动物。

貌似绵羊的群居者——驼羊

驼羊属于骆驼科，是原产于南美洲的古老畜种，曾分布在南美的西部和南部，是南美土产的四种骆驼形动物中最有名的一种，早在1000多年前就被驯化，也是被西半球人民驯化为驮兽的唯一一种动物。

驼羊有一个和长颈鹿一样的直立的长颈，不会鸣叫，只能偶尔发出低沉的"吭吭"声。

驼羊喜欢群居生活，一般5~10只组成一群。每群都由一只壮年雄驼羊带领，群内的雌驼羊都非常忠于它，即使领头的雄驼羊受伤，雌驼羊也不离不弃。驼羊一般在每年的8~9月份交配，发情季节争夺配偶十分激烈，每群

仅容1只成年雄驼羊存在。雌驼羊孕期10～11个月，幼崽出生后即可奔跑。雄性幼崽长大后将被赶出群体，另组成年轻的雄兽群，直到性成熟后再另外与雌兽组成新的群体。

由于驼羊和人们的日常生活有紧密的联系，因此产生了很多和驼羊有关的风俗仪式。比如，秘鲁的印加人中流行着一种神圣而独特的驼羊剪毛仪式，祈求驼羊世代繁衍生息，养育他们的子子孙孙。举行仪式时，牧羊人手握彩色的麻绳，围成人墙，将驼羊群驱赶到一个以石制祭坛为中心的羊圈里。当地的巫师从驼羊群中选出一对驼羊，将它们的耳朵割下，用其鲜血涂抹于脸颊，然后喝下血酒，同时咀嚼用来提神的古柯叶。礼毕后，人们开始剪羊毛，并将剪下的第一缕羊毛永久地保存起来。

驼羊对于当地的印第安人来说可谓全身是宝：驼羊的毛比其他羊毛长，光亮而富有弹性，可制成高级的毛织物，皮可制成革，肉味鲜美，粪便晒干后也可作燃料……正是这些原因，使当地人长期以来一直捕杀驼羊，特别是在16世纪中期西班牙人来到这里后，开始大规模地捕杀驼羊，给驼羊带来了灭顶之灾。到16世纪后期，野生驼羊在人类的捕杀中全部灭绝了。目前，世界上的驼羊全部是1000多年前已被驯化的驼羊繁殖的后代。

空中技巧项目的冠军——长臂猿

长臂猿属哺乳纲，灵长目，长臂猿科，全球约有9种，主要分布于东南亚地区，较常见的有3种长臂猿：白掌长臂猿，主要分布于我国云南，也见于泰国、缅甸、柬埔寨、马来半岛和苏门答腊；白眉长臂猿，主要分布于我国云南，也见于缅甸和印度（阿萨姆邦）等地；黑长臂猿，分布于我

国海南、云南，也见于越南、老挝和泰国等地。在我国，各种长臂猿均为国家一级保护动物。

成年长臂猿的体长为46～64厘米，前肢很长，两臂伸展可达1.8米，直立时几乎可达地面，因此而得名。不同种类、性别和年龄的长臂猿毛色差异很大，雄猿一般为黑、棕或褐色，雌猿或幼猿色浅，为棕黄、金黄、乳白或银灰色。白掌长臂猿的手和脚及脸周围的毛为白色，白眉长臂猿的眉脊有白色的眉毛，有的黑长臂猿亚种的冠毛色黑而直立。

长臂猿的形态构造、生理机能和生活习性比较接近于人类。长臂猿身材窈窕，两臂修长，动作灵巧，穿林过树如同鸟飞。它的一只手抓住这棵树的树枝，悬在半空，缩起双腿，身子摆一摆，荡一荡，一发力，另一只手已抓住十几米外的另一棵树的树枝。眨眼间，它接连飞过几棵树，吊在远处一根树枝上，一边荡着秋千，一边摘野果子吃。长臂猿在空中的飞行动作好像闪电划长空、春燕穿杨柳，宛若雄鹰掠奔兔、惊鱼游浅底，又高，又飘，又稳，又准，干净利索，轻盈优美。如果能让它参加体操比赛，空中技巧项目的冠军非它莫属。长臂猿喜欢啼叫，早晨太阳初升时成年猿首先啼叫，最后全体共鸣，声音悦耳，数里之内都可以听到。

长臂猿多栖息在亚洲热带森林，集群生活，善于在树上活动，在地上能双足行走，喜食野果、树芽、嫩叶及花，亦食昆虫、鸟卵等。

和其他动物相比，长臂猿的感情是很丰富的，甚至可以说其懂得喜怒哀乐。当猿群中有猿受伤、生病或死亡时，在相当长的时间里，它们不再歌唱嬉闹，似是用沉默的方式寄托对同伴的同情和哀思。

令人担忧的是，现在长臂猿的数量正在不断减少，这个独特的物种正在迅速衰退，所以人类应当加强对它们的保护。

王权的象征——金雕

金雕，隼形目，鹰科，雕属，是一种非常珍贵的猛禽。

从外形上看，金雕是非常威武的，头颈上通常有金色的羽毛，黑眼睛，黄色的蜡膜，灰色的喙。腿上长满羽毛，黄色的大脚，三趾向前，一趾朝后，趾上都长着又大又强健的爪。翼展可达2.3米，金雕的飞翔能力非常高超，广阔的天空就是它们的天地。金雕的飞行速度也很快，在追击猎物时，它的速度不亚于猛禽中的隼。正是因为这一点，分类学家最初将它们列为隼的一种。

从生活习性上看，金雕多单独或成对行动，冬季结小群活动，视觉敏锐，性凶猛，飞行速度快且持久。

金雕的威武是有目共睹的，也正是因为它们的威武，它们和人类的关系才十分密切。比如，古代巴比伦王国和罗马帝国都曾以金雕作为王权的象征。在我国元朝忽必烈时代，强悍的蒙古猎人盛行驯养金雕捕狼。时至今日，金雕也是科学家的助手，它们被驯养后用于捕捉狼崽，对人们深入研究狼的生活习性起过不小的作用。当然，在放飞前要套住它们的利爪，以保证狼崽不被抓死。据说，有只金雕曾捕获

14只狼，由此可见它的凶悍程度。

金雕的卵的颜色为白色或褐色，雄雕和雌雕轮流孵化，经过40～45天，小雕即可出壳，3个月以后开始长羽毛。雌雕和雄雕都尽职尽责，用尽自己的心血来繁衍后代。

金雕是一种领地观念很强甚至可以说是很霸道的鸟类，它们将巢建在高处，如高大树木的顶部、悬崖峭壁背风的凸岩上，因为人和其他动物很难接近这些地方。一对金雕占据的领域非常大，有近百平方千米，对接近它们巢穴的任何动物，它们都会以利爪相向。

金雕的分布很广，在美洲的栖息地从北美洲的墨西哥中部开始，沿着太平洋沿岸地区向落基山脉分布，一直延伸到美国阿拉斯加北部和加拿大纽芬兰，也有少量沿美国阿巴拉契亚山脉向南方的北卡罗来纳州分布。由于金雕数量稀少，处濒危状态，美国联邦政府已颁布法律加以保护。墨西哥把金雕作为国鸟，而金雕的近亲白头海雕则成为美国的象征。

害羞的鸟儿——红脸杜鹃

红脸杜鹃属鹃形目，杜鹃科，在世界各地都有分布，特别是温带和热带地区。但由于生存环境的不断恶化，红脸杜鹃的数量已极为稀少，属世界濒危动物。在斯里兰卡，红脸杜鹃深受人们的喜爱，它们的形象甚至被印在了邮票上。

红脸杜鹃是一种害羞的鸟儿，它们常栖息在森林和灌木丛中，往往是只闻其声，不见其形。红脸杜鹃外形小巧玲珑，身长与其他种类的杜鹃一样，约16厘米。羽毛色彩缤纷，胸腹部为白色，尾羽底部也为白色，背上和翅膀上通常会呈现出亮丽的蓝色，脸颊部分为红色，真的和它们害羞的本性很相称呢。这也是它们名字的由来。红脸杜鹃的翅膀短，尾巴较长，尾羽的尖端还点缀着白色。它们的脚掌前后有双趾，喙粗壮结实，略向下弯曲。

懒散的神秘"隐士"——白尾海雕

白尾海雕，又名白尾雕、黑鹰、黄嘴雕和洁白雕等，生活在沿海地区，数量稀少，已被列为国家一级保护动物。

白尾海雕为大型猛禽，性格极其凶猛。它的外在特征很明显：头及胸为浅褐色，嘴黄而尾白；翼下近黑的飞羽与深栗色的翼下形成对比；嘴大，尾短呈楔形；飞行似鹫；其与玉带海雕的区别在于尾为白色。幼鸟胸具矛尖状羽毛但不成翎颌。体羽褐色，不同年龄具有不规则锈色或白色斑点。白尾海雕叫声很有趣，像小狗或黑啄木鸟的叫声。白尾海雕的食物除鱼外，还有野兔、鼠、幼鹿。在冬天，它们还偶尔捕食狗和猫，甚至能以腐肉和渔场附近的垃圾为食。

白尾海雕繁殖期大约为4~6月，每窝产卵2枚，偶见3枚，主要由雌鸟孵卵，孵化期约为35天。雏鸟由双亲抚育70~75天离巢。

白尾海雕是一种颇为"懒散"的鸟儿，有的时候它竟然蹲立不动达几个小时。飞翔时两翅平直，常轻轻地扇动一阵后接着又是短暂的滑翔，有时也能快速地扇动两翅飞翔。和其他鸟不同的是，白尾海雕的生命力非常顽强，在食物缺乏或者环境很恶劣的情况下，它们可以在长达1个月的时间内不进食而安然无恙。

由于人们很少发现白尾海雕的巢穴，因此它们在繁育后代上显得颇

为神秘，犹如"隐士"一般。幸运的是，1983～1985年，在黑龙江省陆续发现了白尾海雕的巢穴，为研究及保护这种珍贵的物种起到了极为关键的作用。这些雕巢都坐落在岩崖或大树上，均离水较近。为了增加白尾海雕的数量，国内动物园内偶有饲养，但是至今没有人类成功繁殖白尾海雕的记录，颇令人遗憾。

更令人担心的是，白尾海雕的数量正在急剧下降，相信每一个看过下面这组数据的人都会有所感触。在我国，人们对白尾海雕的记录是这样的：1986年见到15只，1987年5只，1988年9只，1989年4只，1990年4只。由于白尾海雕的种群数量总体较低，所以，需要我们加大力度来保护这个珍贵的物种。

森林中的长尾歌者——领狐猴

领狐猴又名瓴毛狐猴、斑狐猴，灵长目，狐猴科，领狐猴属，是狐猴科中体形最大的一种。目前，领狐猴的数量已经非常稀少了，属于珍稀保护物种。

领狐猴的分布范围狭小，它产于非洲马达加斯加岛东部的赤道雨林，从北至马索拉半岛，南至法腊方加纳等地可以看见它们的踪迹。

从外形上看，领狐猴的身长一般为60～75厘米，而最令人叫绝的是它们那条长长的尾巴，几乎与身体等长。眼珠呈金黄色，总是瞪得圆圆的，煞是可爱。它们的头为黑色，耳朵上有白色簇毛，尾巴亦为黑色，腿比臂长得多。

领狐猴的生活习性与其他狐猴相近，但又有许多与众不同之处。它们整个猴群很像是一个小社会，而组成社会的小单元就是一夫一妻的家庭，居群之间虽无领土防御行为，但其沙哑的、拉锯般的啼叫，就是相互警告的信号。

我国著名诗人李白曾写过这

样的诗句："两岸猿声啼不住，轻舟已过万重山。"形容的就是猿猴高亢的叫声。领狐猴的叫声也是如此，当它们开始用各种声调不同的叫声交流的时候，那种独特的声音在森林中此起彼伏，遥相呼应。群猴"齐唱"时，叫声忽高忽低，沙哑而苍凉，常会给神秘幽暗的森林增添些扑朔迷离的气氛。

领狐猴和其他的猴子一样，树林是它们的栖息场所。领狐猴多栖居在树林冠层，多以四足运动为主，但常伴有垂直攀跳动作，这是其原始步态的遗留。休憩时常蹲坐在树干枝杈部位。

领狐猴的生殖方式也很特殊。领狐猴的生殖高峰集中在10月份和11月份，每次产2～3只崽。雌猴发情期仅1～3天，交配期更短，仅限于12小时内，孕期为102天，这样短的生殖周期与领狐猴硕大的体形很不相称。可能正是由于这个原因，初生的小猴发育尚不完全，出生时体重仅约100克。

初生小猴已睁眼、长毛，但体质极弱，无力抓住母体。幸好母猴总是在分娩前修筑好"产房"，用干草树叶和自身的腋毛铺垫成小窝，可供小猴舒服地度过"满月"。需要移动时，母猴便用嘴叼着小猴走，显得亲切动人。

高原之"神"——黑颈鹤

黑颈鹤属鹤形目，鹤科，鹤属，别名青庄、冲虫（藏语），目前种群数量很少，为我国特有的珍稀鸟类。黑颈鹤曾分布于尼泊尔的加德满都谷地、印度西北部及不丹中部和东部一些地方，但近几年除印度的拉达克尚可见到残存的几只外，国外黑颈鹤在其他地区已相继绝迹。据专家考证，目前，黑颈鹤在全世界仅存3000只左右，已成为世界珍稀物种。

　　黑颈鹤的外形具有鹤类共同的特征——喙长、颈长、腿长、体形瘦高。黑颈鹤除头、颈和飞羽为黑色外，其余部分为银灰色，头顶、眼睑为淡红色，其上仅有稀疏的发状羽。喙、腿和趾是黑色的。黑颈鹤的叫声非常响亮，人们在很远的地方就可以听见它们的鸣叫声。

　　黑颈鹤是大型涉禽，为候鸟，每年在中国青海和四川南部的高原草甸及高原湖泊边、湖中岛上的沼泽地等地方生活、繁殖，迁徙时经青藏高原，至四川西南部、贵州西部、云南、西藏南部及更南地区越冬。

　　黑颈鹤是1876年由俄国博物学家普热瓦利斯基在我国青海湖发现的，它是唯一一种生活在海拔2000～5000米高的鹤类，也是世界鹤类中唯一一种主要分布在中国的鹤，但在我国丰富的鹤类历史文化记载中，却鲜见关于它的记述。这是由于黑颈鹤主要生活在青藏高原地区，历史上除藏族地区的人与黑颈鹤世代为伴外，外界对黑颈鹤几乎一无所知。

　　黑颈鹤是我国特有的珍稀禽类，具有重要的文化交流、科学研究和观

赏价值。民间以鹤为"神"，黑颈鹤更是受到特别的尊崇和保护。但目前黑颈鹤的境遇仍然不容乐观。由于黑颈鹤生活在高原地带，那里环境严酷，气候变化大，尤其在漫长的冬季，寒冷不仅造成了食物短缺，更使得幼鹤成活率很低，加之盗猎者的非法捕杀，都对黑颈鹤的生存造成了极大的威胁。所以，加大对黑颈鹤的研究和保护力度迫在眉睫。

陆上动物中的"巨人"——非洲象

　　非洲象主要产于非洲大陆，在森林、开阔草原、草地、刺丛以及半干旱的丛林中都可以看见它们的身影。20世纪初，估计有300万～500万只大象生存在非洲，而如今生存在野外的只有不到50万只，成为珍稀物种。

　　非洲象是迄今生存着的最大型的陆生哺乳动物，一般体重4000千克以上，大的近10000千克。据记载，最大的一只非洲雄象是1974年11月7日在安哥拉南部被发现的，它肩高约3.96米，体长10.67米，前足周长1.8米，体重11.75吨。

　　成年非洲象体形庞大，强悍而性情暴躁，常会主动攻击其他动物。非洲象通常成群而居，象群多由8～30头大象组成，由一头50～70岁的老雌象带领。

　　母象的孕期约22个月（是哺乳动物中最长的），每隔4～9年产下一崽（双胞胎极为罕见）。幼象出生时体重约79千克～113千克，3岁左右时才断奶，但会同母象一同生活8～10年。幼象和雌象一直生活在一起，而雄性非洲象则在14岁左右，青春期时离开象群。有血缘关系的象群关系比较密切，有时会聚集到一起形成200头以上的大型群落，但是这只是暂时性的。

　　非洲象全身的毛很少，皮厚且多褶，4条腿看上去像4根粗壮的柱子，前足5趾，后足4趾（和亚洲象相同），两只蒲扇一样的大耳朵耷拉在头颈的两侧。大象的耳朵功能很多，比如，当大象生气或受惊时，耳朵就向前展开以表达情绪，在天气炎热时，大象还会不停地扇动耳朵来降温。大象的长鼻子可以碰到地面，除了嗅觉以外，象鼻甚至可以说是四肢之外的第五肢，非洲象鼻子的前端有两个像手指一样的凸出物（亚洲象只有一个）来帮助它们控制物体。觅食时，大象就会用鼻子卷取食物和采摘果实，此外，象鼻子还能拔起地上的青草与大树、驱赶蚊蝇、吸水喷进嘴里或洒在背上，为自己在炎热的天气中消暑降温等。当象发怒时，鼻子还可以当作战斗武器，把敢于侵犯伤害它的敌人卷起来扔到远处。

　　当然，像其他大象一样，非洲象最引人注目的是它们长而质地坚硬的象牙。亚洲象和非洲象最基本的区别就是：亚洲象只有雄性拥有象牙，非洲象则无论是雌性还是雄性都有象牙。象牙基本上会伴随大象一生，我们可以通过象牙来判断大象的年龄。在人类的记录中，最大的象牙重达97千克。象牙

不仅是它们防御和攻击敌人的最佳武器，也是珍贵的装饰品。正由于此，非洲象也同样没能逃过利欲熏心的人们的毒手。由于盗猎猖獗，我们现在已经很难发现重量超过45千克的象牙了。

此外，象还是哺乳动物中的"寿星"，一般可活到110~120岁，比起狮子、老虎来要长寿许多。遗憾的是，目前野生的非洲象数量已经不多。据报道，1979~1988年，非洲象从130万头锐减至75万头。有人预言，如果按这种速度递减下去，到21世纪中叶前，这个物种就将灭绝。

联合国《濒危物种国际贸易公约》执行机构曾在1989年就全面禁止了涉及大象的国际贸易。然而，自禁令实施以来，象牙走私价格迅速攀升，大大刺激了国际非法象牙贸易，引发了人们对非洲象的新一轮猎杀。目前，大象已经被列为"世界十大最受贸易活动威胁的物种"之一。为了保护濒危大象，肯尼亚等国曾呼吁对象牙贸易实施20年的禁令，以有效遏制象牙非法交易，严惩偷猎行为，防止大象灭绝。

第二章　珍稀植物

树中"美人"——长白松

　　长白松为松科，松属，为长白山"第一奇松"，是我国特有的一个松树品种，也是欧洲赤松分布最东的一个地理变种。长白松天然分布区很狭窄，只见于吉林省安图县长白山北坡，散生于二道白河与三道白河沿岸海拔700~1600米之间的狭长地段。在海拔1300米以上，长白松常与红松、红皮云杉、长白鱼鳞云杉、臭冷杉、黄花落叶松等树种组成混交林。属国家一级重点野生保护植物。

　　长白松的树高一般为25~32米，树干直径一般为25~100厘米。其寿命很长，在众多长白松中，年龄最大的已有400多岁了。长白松的树干笔直修长，树干下部的树皮呈淡黄褐色或暗灰褐色，裂成不规则鳞片，中上部树皮的颜色由淡褐黄色到金黄色，裂成薄鳞片脱落。1年生的树枝为浅褐绿色或淡黄褐色，光洁无毛，3年生的树枝变成灰褐色。长白松的主干大约离地20米才有分枝，枝干平展，与主干垂直并略向上弯。枝上的针叶粗硬，微扁而扭曲，叶的边缘有细细的锯齿，两面还有气孔线和生在边缘的树脂道，每2枚针叶形成一束，基部有叶鞘，而且独特的是它的小分枝和针叶都向上生长，针叶又较短，看起来如同人的手指。长白松的外形优美，风姿独特，在山风吹拂之下，松树微微上下摇曳，远远望去，宛如美人优雅地伸展着的手臂，故而当地群众送给它一个美丽的称呼——美人松。

　　长白松通常在5~6月开花，雌球花呈暗紫红色，幼果为淡褐色，有梗并下垂。球果是锥状卵圆形，长为4~5厘米，直径为3~4.5厘米，成熟时呈淡褐灰色。种子为长卵圆形或倒卵圆形，微扁，为灰褐色乃至灰黑色，种翅有关节，长1.5～2厘米。长白松的繁殖能力不是很强，球果在开花后的第二年8月中旬才能成熟，每次结出果实需要间隔3～5年。也正因为如此，使它变得越来越珍贵了。

从生物习性上看，长白松喜欢温和而凉爽的气候，而且还需要较大的湿度。它们生长的土壤为发育在火山灰土上的山地暗棕色森林土及山地棕色针叶森林土，土壤中二氧化硅粉末含量较大，腐殖质含量较少，保水性能低而透水性能强，微呈酸性。长白松为阳性树种，根系深长，可以耐一定干旱，但更具耐寒的特点，在积雪时间较长、无霜期仅90～100天的北国林海中，长白松俨然是严冬中的骄子，尽管大地千里冰封，银装素裹，它却迎风傲雪依然如故。

长白松仅分布于长白山北坡，对研究松属地理分布、种的变异与演化有一定的意义。并且，由于长白松树态美观，还是其产地地区较好的造林树种，又适作城市绿化树。

然而，由于人们长期以来对自然环境的不良干预，加之长白松本身自然繁育周期较长，使得长白松数量不断减少。随着人们自然保护意识的逐渐加强，长白松已受到人们多方面的保护。

食肉植物——猪笼草

猪笼草是双子叶植物纲猪笼草科植物的总称，为多年生偃伏或攀缘半灌木，是大名鼎鼎的食虫植物。它原产于热带，喜高温、多湿的半阴环境，主要分布于印度、澳大利亚等地，在我国广东南部也有分布。

猪笼草的叶互生，叶片由三部分组成。上部是一片扁平的叶片，叶片的中脉延伸成卷须，形状像一条红色的塑料绳，这就是猪笼草的攀缘器官，可缠绕在其他物体或偃伏在岩石上。延伸中脉的末端膨大成囊状体，变成一只"缸"状的叶笼，叶笼上有小盖，笼口有蜜腺，内壁有蜡腺，分泌蜡质作为润滑剂，此盖除幼期外，其他生长期均不覆盖瓶口。叶笼底部有消化腺，能够分泌弱酸性的消化液。猪笼草发育成熟后，会在叶腋抽生总状花序，之后开出单性花。花小，色泽为红色或紫红色，然而花的外观并不好看，同时味道也不好闻。

猪笼草怎样捕虫呢？首先，它的叶笼颜色鲜艳，笼口分布着蜜腺，散发芳香，以"色"和"香"引诱昆虫。当昆虫进入笼口后，由于其内壁非常光滑，昆虫就会滑跌到笼底。而笼底充满着内壁细胞分泌的弱酸性消化液，昆虫一旦落入笼底，就会被其中的消化液淹溺而死，并慢慢地被消化液分解，最终变成营养物质被吸收。

猪笼草能入药，有清热利湿、化痰止咳的药效，捣烂外敷还可以医治疮痈、溃疡、红肿、虫蚁咬伤等。此外，猪笼草和它美丽的叶笼具有较高的观赏价值，可在温室栽培。在欧美等地，猪笼草已经普遍作为一种室内盆栽观赏植物，优雅别致，趣味盎然。

雨林巨人——望天树

望天树属双子叶植物纲，龙脑香科，常绿大乔木，产于我国西双版纳。望天树于1975年在西双版纳州勐腊县境内首次被发现，现已被列为国家一级保护野生植物。

望天树高一般为70米，最高的可达80多米，虽说望天树比生长在澳大利亚，高150米的世界上最高的杏仁香桉树矮半截，但在我国的热带雨林中，它却是鹤立鸡群，即使在亚洲也是最高的树种。望天树不但个子高，而且树干圆满通直，不分杈，树冠像一把巨大的伞，而树干则像伞把似的，西双版纳的傣族人因此把它称为"埋干仲"（伞把树）。

望天树的树皮为褐色或深褐色，有发达的板状根。小枝、托叶、苞片、叶片的背面都长有糠状的星状毛。常绿的叶子为革质，单叶，互生，呈矩圆形，前端变尖，基部为圆形或宽楔形，叶上有羽状的脉纹，近于平行，叶的背面脉序凸起，托叶大。花序多为总状，顶生，花两性，不显著。果实呈卵状椭圆形，外被茸毛，有果翅5枚，果翅由宿存的花萼增大而成，呈倒披针形。

望天树喜欢生长在赤红壤、沙壤及石灰壤上，并且，对气候的要求也很严格，周围气候最好全年都处于高温、高湿、静风、无霜的状态中。

望天树具有巨大的经济价值，这主要源于它材质较重、结构均匀、纹理通直而不易变形。望天树加工性能良好，适合于制材工业和机械加工以及较

大规格的木材用途。另外，望天树的木材中还含有丰富的树胶，花中含有香料油，这些也都是重要的工业原料。同时，望天树对研究我国的热带植物区系有重要意义。

望天树虽然高大，但结的果实却很少，再加上病虫害导致的落果现象十分严重，造成种子都落在地上，发芽过快或腐烂，寿命很短，人工又不易采集，所以野生望天树数量十分稀少。云南南部已建立自然保护区对其进行有效的保护。

最粗、最长寿的树——猴面包树

猴面包树又称"猢狲木"，是常绿乔木，属木棉科。猴面包树是生长在非洲热带草原上的一个树种，其果实大如足球、甘甜多汁，果实成熟时，就会有成群结队的猴子爬上树去摘果子吃，猴面包树的称呼由此而来。

猴面包树具掌状复叶，花大，呈白色，雌雄同株，雌花集成球形，雄花集成穗状。它的枝条、树干甚至根部，都能结果。每个果实都是由一个花序形成的聚花果；果皮为木质，呈椭圆形，长10～30厘米，可作水瓢或用于盛酒等。果肉充实，味道香甜，营养很丰富，含有大量的淀粉和丰富的维生素A和维生素B及少量的蛋白质和脂肪。

猴面包树的外表曾被人们生动地描绘过。19世纪，一位博物学家是这样描写它的："由于树干膨大，当它落叶后光秃而憔悴地立在那里，仿佛中风病人伸展开臃肿的手指。"

猴面包树树干较短，但树干直径近10米，最粗的树干基部圆周可达50米左右，是世界上最粗的树木。据《吉尼斯世界纪录大全》记载，在世界最粗树的排名榜上，一株树干直径达12米的猴面包树高居首位。

猴面包树和其他的非洲植物一样，具有顽强的生命力。在非洲大陆的热带地区，有广阔的稀树草原，那里每年的旱季长达几个月，不但降雨稀少，而且炎热的天气使地面的水分大量蒸发。面对水的匮乏，许多植物在草原上踪迹全无，就连雨季时茁壮生长的绿草也纷纷枯黄了。但偶尔出现的猴面包树，却无视干旱的威胁，将自己肥胖的身躯几百年甚至上千年地暴露在烈日之下，成为世界上特有的植物奇观。那么，是什么力量使得猴面包树有如此强的抗旱能力呢？

原来，猴面包树的木材非常轻软，而且好像海绵似的充满了孔隙。这种木材结构虽然使猴面包树无缘进入优良木材行列，却为自己的生存创造了条件。雨季到来后，猴面包树便拼命"喝水"，将自己肥硕的躯干灌得满满的，就像吸足了水的海绵，以便在漫长的旱季有足够的水分储备。猴面包树树干越粗，贮水就越多，抗旱能力也就越强。

猴面包树或许是世界上最为长寿的树种了。200多年前，当法国植物学家阿当松深入到神秘莫测的非洲大陆腹地探险考察时，就被这种不怕干旱、异常粗壮的树所深深吸引。据他的调查和推测，最"长寿"的猴面包树的树干粗可达25米，寿命在5500年以上。

猴面包树是非洲草原上的一道独特的风景，同时，它也为其他生物的生存带来充足的水源。猴面包树在干旱地区的驻足，为当地居民带来了生机——它不仅在旱季能供给人们生命之水，而且一些粗壮的老树还被挖空树心作为人类的贮水池或粮仓。另外，猴面包树的鲜嫩树叶是当地人十分喜爱的蔬菜，种子能炒食，果肉可食用或制成饮料。它除了可食用外，还有非常巨大的经济价值，它的树叶和树皮可以制成特效消炎退烧药，树皮纤维可制绳索、渔网，甚至织成土布，此外它还是供动物们栖息、嬉戏的乐园。

"水中美人"——睡莲

睡莲也称子午莲，属双子叶植物纲，睡莲科，多年生水生草本植物，广泛分布于世界各地。

睡莲有粗短的根状茎，叶片马蹄形，丛生，浮于水面上，具细长的叶柄，叶近革质，直径6~11厘米，全缘，无毛，上面浓绿，幼叶有褐色斑纹，下面暗紫色；秋季开花，花单生于细长的花柄顶端，花瓣多数，多白色，也有呈粉、红、黄等色，直径3~6厘米，萼片4枚，宽披针形或窄卵形，漂浮于水面，由于其每日午时开花，傍晚闭合，可连续开闭三四日，故名睡莲。曾有文人这样写道："不要误会，我们并不是喜欢睡觉，只是不高兴暮气，晚上把花闭了，一过了子夜，我们又开放得很早，提前欢迎着太阳上升，朝气来到。"其花凋谢后才逐渐卷缩，并沉入水中结果。

　　睡莲较为耐寒，在我国江南地区，冬季不加保护便能安全越冬。在长江流域，其花期为5月中旬至9月，多在6～8月盛放，果期为7～10月。

　　炎炎夏日，清风徐来，碧波荡漾，一丛丛美丽的睡莲轻舞花叶，形影妩媚，好似凌波仙子，令人赏心悦目，心旷神怡，不禁联想起"凌波不过横塘路，但目送、芳尘去"、"飘忽若神，凌波微步"等古人的诗句。

　　睡莲属植物的学名Nymphaea源于拉丁语Nymph，意为居住在水乡泽国的仙女。在古希腊、古罗马，睡莲与中国的荷花一样，被视为圣洁、美丽的化身，常被作为供奉女神的祭品。在《新约全书》中，也有"圣洁之物，出淤泥而不染"之说。古埃及则早在2000多年前就已栽培睡莲，并视之为太阳的象征，认为是神圣之花，历代的王朝加冕仪式、民间的雕刻艺术与壁画，均以之作为供品或装饰品。睡莲在园林中被运用得很早，在2000多年前，中国汉代达官贵人的私家园林中就曾出现过它的身影。

　　由于睡莲的根能吸收水中的汞、铅、苯酚等有毒物质，是难得的水体净化植物，所以它在城市水体净化、绿化、美化建设中备受重视。

花中"活化石"——木兰

　　木兰，别名木笔、紫玉兰、望春花，是木兰科木兰属落叶小乔木或灌木，原产我国中部地区，久经栽培，是珍贵的观赏花卉。近年来，由于木兰的数量不断减少而使其变得越发珍贵了。木兰科植物是世界上最古老的被子植物类群，素有"植物化石"之称，目前全世界仅有250多种，中国作为现代木兰科分布中心，也仅存150多种。

　　木兰是一种漂亮的观赏植物，通常在每年春天的3～4月先花后叶，木兰花形硕大，花瓣外面为紫色，内壁近白色，微香；叶呈倒卵形或倒卵状长椭圆形；果实9月成熟，形似玉兰。木兰的适应性强，在庭院旷野、山区平原均可栽植，而且其花形优美，观赏价值极高，是环境绿化的优良花木。

　　木兰还是一种市场潜力巨大的经济作物。木兰生长速度快，木质坚韧细致，含有芳香物质，是做桌椅、柜箱和衣橱的上等木料，用此木料做的柜箱、衣橱存放衣被时不生蛀虫。木兰干燥的花蕾（称"辛夷"）具有很高的药用价值，据一些科学的数据显示，木兰花蕾性温，味辛，能散风寒，通鼻窍，主治风寒头痛、鼻塞、鼻渊、鼻鼽等症。木兰在化工、科研和物种多样性保护等方面也都有着非常重要的应用价值。

高山上的"圣女"——雪莲

雪莲属菊科，为多年生的草本植物。雪莲种类繁多，如水母雪莲、毛头雪莲、西藏雪莲等。人类对雪莲的关注早已有之，早在清代，赵学敏著的《本草纲目拾遗》一书中就有"大寒之地积雪，春夏不散，雪间有草，类荷花独茎，婷婷雪间可爱"和"其地有天山，冬夏积雪，雪中有莲，以天山峰顶者为第一"的记载，其美丽与珍贵可见一斑。

通常，雪莲的地上植株很矮，茎高15~35厘米，茎直立，下部有宿存的褐色残叶。叶多数，密集，长圆状倒卵形，有锯齿。每年7月是雪莲的开花季节，头状花序多数密生于茎的顶端，花多为蓝紫色，外面多有白色半透明的膜质苞片，花朵的整体看上去和水生的荷花很像，因其生于高山积雪的岩缝中，故名雪莲。雪莲花的花香袭人，顺风时香味可以飘到几十米远。雪莲开花之后不久，就迅速地结出了长圆形瘦果。

雪莲是一种傲视风雪的植物，具有异常坚韧的耐寒性。雪莲通常生长在高山雪线以下海拔4800~5800米的峭壁缝隙间，它生长的环境气候多变，冷热无常，雨雪交替。常见于高山岩缝，雪线附近的冰碛陡岩、砾石坡。要想得到它，须徒步登山寻找，若遭遇雪崩之难，甚至要付出生命的代价。

那么，是什么原因使得雪莲能够适应如此恶劣的自然环境呢？原来，雪莲独特的生物特性为它能够适应恶劣的环境奠定了基础。它的叶子极密，状如白色长绵毛，宛若绵球，绵毛交织，形成了无数的小室。室中的气体难以与外界交换，白天在阳光的直接照射下，它比周围的土壤和空气所吸收的热量要大；到了夜间，它的温度又降低得很慢，所以能保暖御寒和防止水分强烈蒸发。而绵毛层又可使机体免遭强烈辐射的

伤害，植体密被绒毛，这是高山植物的又一大特点。

这类多毛的植物中有好多本来属于少毛的种类，但在这里成为多毛，甚至有的无毛植物也变为有毛了。这种毛一方面在白天可减少蒸腾，防止强光直接照射给植体组织带来灼伤，另一方面又能防止生长季节夜间经常出现低温的冻害，并对剧烈变化的昼夜温差起到了缓冲作用。这些生态特点同时也为植物的越冬提供了抗冻害的有利条件，并在第二年萌发较早。这类植物正是依靠这层厚厚的绒毛的保护才能在这恶劣的环境中生长。但由于生长环境特殊，雪莲需要3～5年才能开化结果。

自古以来，人们赋予了雪莲许许多多美好的品质。过去，高山牧民在行路途中遇到雪莲时，认为有吉祥如意的征兆，并以圣洁之物相待。据传，雪莲是瑶池王母到天池洗澡时由仙女们撒下来的，对面海拔5000多米的雪峰则是一面漂亮的镜子。雪莲被视为神物，饮过苞叶上的露珠水滴，则认为可以

驱邪除病，延年益寿。文人们对雪莲也是情有独钟，"耻与众草之为伍，何亭亭而独芳！何不为人之所赏兮，深山穹谷委严霜？"1000多年前，唐代边塞诗人曾经这样吟唱雪莲。

雪莲独有的生活习性和独特的生长环境使其天然而稀有，并造就了它独特的药理作用和神奇的药用价值，人们奉雪莲为"药中极品"。据研究资料显示，雪莲中含有挥发油、生物碱、黄酮类、酚类、

糖类、鞣质等成分，全草可入药，主治雪盲、牙痛、风湿性关节炎、阳痿、月经不调等症。在7～8月初开花时采集，药效最好。采集后要放烈日下晒，以防挥发油的丧失和有效成分遭到破坏。

　　近几年，随着人们对雪莲药用价值的不断认识，不少地方已经掀起了培植雪莲的浪潮。目前，新疆正在人工种植，以满足社会的需要。

由虫变草的神奇生物——冬虫夏草

　　冬虫夏草又叫虫草、夏草冬虫，属子囊菌亚门，麦角菌科，产于中国四川、云南、青海、西藏等地。

　　其实，虫便是侵害虫草蝙蛾的幼虫，草是一种虫草真菌。野生的冬虫夏草生长在海拔3000～5000米的高山草地灌木带雪线附近的草坡上。其冬虫形如老蚕，表面黄棕色，背部有许多皱纹，腹部有8对足，断面呈白色或略黄，周边为深黄色；其夏草体长约6厘米，直径约3毫米。

　　侵害虫草蝙蛾将卵产于草丛的花叶上，随叶片落到地面，经过1个月左右的孵化变成幼虫，便钻入潮湿松软的土层。土层里有一种虫草真菌的子囊孢子，它只侵袭那些肥壮、发育良好的幼虫。幼虫受到孢子侵袭后钻向地面浅层，孢子在幼虫体内生长，幼虫的内脏就慢慢消失了，体内变成充满菌丝的一个躯壳，即菌核。每年5月中下旬，当冰山上的冬雪开始融化，气候转暖的时候，侵害虫草蝙蛾的幼虫破土而出，开始活动，在山上的腐殖质中爬行，待虫体直立时，寄生在虫头顶的菌孢开始生长，这种在土内潜伏的虫体或菌核上生出有柄的子座，状如小草，即夏草。菌孢开始生长时虫体即死，菌孢把虫体作为养料，生长迅速，菌孢一天之内即可长至虫体的长度，这

时的虫草称为"头草"，质量最好；第二天，菌孢长至虫体的两倍左右，称为"二草"，质量次之；三天以上的菌孢疯长，采之无用。

据现代药理学研究，冬虫夏草含有虫草酸、蛋白质、脂肪等营养成分，其中82.2%为人体不能合成而又必需的不饱和脂肪酸，还含有碳水化合物、游离氨基酸、水解液氨基酸等，其中成年人必须从食物中摄取的8种氨基酸均具备，还有幼儿生长发育所必需的组氨酸。此外，虫草还含有综合维生素B_{12}、麦角脂醇、六碳糖醇、生物碱等。

冬虫夏草干燥的子座和虫体可入药，味甘、性温、气香，入肺肾二经，具有补肺益肾、补筋骨、止咳喘、抗衰老等作用，并对结核菌、肝炎菌等有杀伤力。冬虫夏草传统上既可药用，又可食用，是中外闻名的滋补保健珍品。

 "花中仙子"——七子花

七子花是我国特有的忍冬科单种属植物，为落叶小乔木，属国家首批二级重点野生保护植物，先后被列入中国被子植物关键类群中的高度濒危种类和中国多样性保护行动计划中优先保护的物种。

从外形上看，七子花树高可达7米。树皮灰褐色，片状剥落。叶对生，厚纸质，卵形或长圆形，长7~16厘米，宽4~8.5厘米，边缘平滑或呈微波状。

圆锥花序顶生，花序总长达15厘米。漏斗形的花冠为白色，稍有芳香，花冠外面多毛。果实为瘦果状核果，长圆形，长1～1.5厘米，外侧有10条纵棱。

七子花3月中下旬展叶，5月上中旬即可见到花蕾，到7月初才开花，花期较长，可延至9月上旬，果实于10月成熟。

七子花树姿优美、花期长、花朵纤小可爱，可以作为优良的园林和绿化树种，是优良的观赏树木，具有较高的经济价值。七子花通常分布于海拔600～1000米的低山坡、山沟溪边灌丛中或毛竹林边缘，很少生长在山顶和山脊。目前，七子花仅间断分布于浙江的大盘山、北山、天台山以及安徽的泾县和宣城的少数地区。在模式标本产地——湖北兴山未能再找到生存的七子花，国内七子花研究权威专家确认大盘山乃世界七子花的分布中心。

世界上最毒的树——箭毒树

箭毒树也称箭毒木、大药树、见血封喉，为桑科植物，产于我国广西、海南和云南南部的热带森林中，在印度和印度尼西亚也有分布，被称为是世界上最毒的树，但现在存活数量已极少，被列为国家三级重点保护野生植物。

箭毒树是一种树形高大的落叶乔木，树体有白浆，树皮厚，茎秆基部生有从树干各侧向四周生长的板状根。叶互生，呈卵状椭圆形。春夏之际开花，花为单性，雌雄异株。秋季结果，果实为肉质，果皮与梨形总苞黏合，成熟时变为紫红色。

箭毒树树体中白浆的毒性很强，古代人很早就知道了这种白浆的毒性，所以，常用这种汁液与其他毒药掺和涂抹在箭头上，用以狩猎。被射中的大

型动物，无论伤势轻重，都会立刻倒地死去。云南傣族的猎手称箭毒树为"贯三水"，在土话里即为跳三下便会死去的意思。

那么，是什么使这种植物具有如此大的毒性呢?原来，这种植物的汁液中含有弩箭子甙、见血封喉甙、铃兰毒甙、铃兰毒醇甙、伊夫草甙、马来欧甙等多种有毒物质，当这些毒汁由伤口进入人体时，就会引起肌肉松弛、血液凝固、心脏跳动减缓，最后导致心跳停止而死亡。如果汁液溅至眼睛里，眼睛也会马上失明。

箭毒树的毒性虽然很大，但是也有一定的实用价值。医学专家把汁液中的有效成分提取出来，用来治疗高血压、心脏病等疾病。傣族妇女还用这种毒汁来治疗乳腺炎。目前，箭毒树更多的药用价值还在进一步研究中。

此外，箭毒树材质很轻，可用做纤维原料或代替软木用。当地人过去常剥取箭毒树的树皮取出纤维，制成树毯、褥垫等，不仅舒适而且相当耐用，用上几十年也没问题。在云南，当地人还将这种纤维染成各种颜色，制成服装。用这种纤维做成的服装，既轻柔又保暖，但现在已经很少有人穿这种衣服了，只有基诺族人在盛大节日时，才会把它穿上。

箭毒树虽然具有很强的毒性，但目前野生的箭毒树已经很少见了，所以一旦发现就应该重点保护起来。

帝王之木——紫檀

紫檀亦称青龙木，属豆科，常绿大乔木，多产于亚洲热带的原始森林，中国南部也有栽培。紫檀一般分为大叶紫檀、小叶紫檀两种，小叶紫檀为紫檀中的精品，多产于印度，也就是人们通常所说的"紫檀"；大叶紫檀则多产于非洲地区，其纹理较小叶紫檀粗。紫檀因其生长速度极慢，且数量极其有限而成为世界上最珍稀、最名贵的树种之一。紫檀已被列为国家二级重点野生保护植物。

紫檀羽状复叶，小叶7～9枚。蝶形花冠，黄色，圆锥花序。荚果扁圆形，周围具宽翅。紫檀的材质致密坚硬，色调呈紫黑色（暗犀角色），微有芳香，深沉古雅，心材呈血赭色，有光亮美丽的回纹和条纹，年轮纹路呈搅丝状，棕眼极密，无疤痕。它色调深沉，显得稳重大方，因而深受人们的钟爱。

"檀"在梵语里是布施的意思，因其木质坚硬，香气芬芳永恒，色彩绚丽多变且百毒不侵，千古不朽，传说又能驱灾避邪，人们视之为吉祥物，故又称"圣檀"。我国自古以来就有崇尚紫檀的风气，是最早认识和开发紫檀的国家。东汉时，人们用紫檀作为制造车舆、乐器、高级家具及其他精巧器物的材料。到了明代，紫檀尤其受皇家及王公贵族的喜爱，并逐渐成了中国的"帝王之木"。明代的紫檀木家具做工看似粗糙，却雕琢有神，神志轩昂。明代的御用紫檀起初在我国南部采办，后因木料不足，遂派人员定期赴南洋采办，因此储存了许多紫檀木料。因紫檀生长缓慢，非数百年不能成材，南洋的紫檀经明代采伐后难觅踪迹。到清初，世界所产紫檀木绝大部分都汇集在中国。清代中叶以后，明代库存用完，此后人们制作家具就以红木代替紫檀了。国外对紫檀更是惜之如宝，据说拿破仑墓前有一个15厘米长的紫檀木棺椁模型，参观者无不惊羡。

园林童话树——多花蓝果树

多花蓝果树为蓝果树科，蓝果树属落叶乔木。由于入秋后其五彩斑斓的叶片极具观赏价值，被誉为园林中的"童话树"，是近年来引入我国的热门彩叶树种之一。多花蓝果树原产北美，从加拿大到墨西哥湾都有分布，目前在美国南部地区应用较多。按纬度和耐寒性计算，我国北至辽宁南部，南至广东、云南北部都可栽培种植多花蓝果树。从目前我国实际的应用情况看，该树种在我国长江流域及以南地区栽种最为适宜，也是该地区宝贵的彩色叶树种。

多花蓝果树树高9～15米，直立生长。冠幅6～10米，树冠呈圆锥形，随着树龄的增长，树冠逐渐敞开呈卵形。枝条水平生长，树干为红棕色，光滑，第二季变成浅灰色，叶全缘，单叶互生，叶片长5～13厘米，宽2.5～7.5厘米，呈倒卵形或椭圆形。春季，嫩芽为鲜亮的紫红色；夏季，叶片呈油亮的深绿色；秋季，彩叶更是色彩斑斓，开始变黄、橘黄、橘红，之后为鲜红色，成为秋季一道亮丽的风景线。多花蓝果树每年5月开花，若光照充足，花期会提前，花小，为白色，略带嫩绿色，雌雄异株。由于花量很大，多花蓝果树开花时一树白花，颇为壮观。通常，多花蓝果树的果实在每年的9～10月份成熟。核果为长椭圆形，长约13厘米，由紫变蓝，成熟时变成深褐色，故名蓝果树。果肉甘甜，是鸟儿们最喜欢的食物之一。所以，每当果实成熟的时候，总能招来五彩斑斓的小鸟栖息其中，谱写一派鸟语花香的诗意。

多花蓝果树喜光照充足、温暖、湿润的气候，在潮湿、排水良好的微酸性或中性土壤中生长良好，在贫瘠干旱、碱性地区则生长缓慢。风大时，需

要对多花蓝果树采取防风措施。多花蓝果树能耐–10℃左右的短期低温，抗病虫害能力强，耐二氧化物、氯化物，小树耐阴性较好。

多花蓝果树是世界流行的七大色叶树之一，叶色缤纷是其最大的特点，也因此而成为世界园林造景中一颗璀璨的明星，同时，它还是美国的五大遮阴树之一。

此外，多花蓝果树还是优良的、靠近水边生长的乔木树种，其属名——Nyssa即源于希腊神话中水中仙子的名字，以形容它在自然环境中临水而生的美丽景象。在植物种植设计中，环境艺术设计师们通常会充分利用它树体较高、树冠轮廓线条优美、入秋时叶色斑斓的优势，将其作为良好的水边倒影树种植在岸边，这既显示了景深，增加了水体空间的层次感，又形成自然、亲切的环境气氛。

 ## "娇贵"的虫媒传粉植物——蒜头果

　　蒜头果又名蒜头木、山桐果，在壮语中又名马兰后，属铁青树科，为常绿乔木，主要产于广西西南部至云南东南部一带，为我国二级重点保护野生植物。

　　蒜头果树高通常为15～25米，直径30～50厘米，树皮灰褐色。叶互生，薄革质，长圆形或长圆状披针形，嫩叶两面有棕色粉状微柔毛。叶柄长1～1.5厘米，基部有节。花小，10～15朵排成伞形花序状或总状花序状的聚伞花序，花序腋生，单序或2～3序集生在短枝上端或小枝枝梢，总花梗纤细。果圆形，稍扁，蒜头状。中果皮肉质，内果皮坚硬。种子柔软，内呈黄白色。总的来说，蒜头果树干挺直，有樟树气味。叶片揉碎有桃仁气味。

　　蒜头果为中、浅根性树种，幼树期喜阴，随着树龄增大而逐渐喜光。蒜头果在广西西南垂直分布于海拔300～1200米的地区，在云南东南可达海拔1640米。蒜头果多生于石灰岩石山的下坡，喜肥沃且湿润的中性至微碱性石灰岩土。

　　和其他生物相比，蒜头果是一种较为"娇贵"的植物，这主要是因为蒜头果为虫媒传粉植物，主要访花昆虫有12种，在繁殖的过程中容易受到昆虫的侵害，且花粉萌发率较低，花粉管生长速度慢而且容易弯曲，结果率低。种子萌发有一定障碍，幼

苗生长受多种病虫害感染，成活率低。

蒜头果为单种属植物，形态解剖特征既有原始性状，又有进化特征，对于研究铁青树科的分类系统有一定意义。另外，蒜头果果仁的油脂可作为合成麝香酮的理想原料。

近些年来，由于人类对环境的破坏，使蒜头果的生长环境恶化，并且蒜头果因屡遭砍伐，残存不多，加之分布地鼠害严重，天然更新不良，这些都威胁着该树种的生存。

"爱情之果"——海椰子

海椰子属于棕榈科植物，只分布在非洲塞舌尔群岛的普勒斯兰岛和居里耶于斯岛上，被塞舌尔人视为国宝。

海椰子树通常高20～30米；树叶呈扇形，宽约2米，长可达7米，最大的叶子面积可达27平方米，活像大象的两只大耳朵。由于整株树庞大无比，所以，人们称它为"树中之象"。海椰子树最令人称奇的是它那硕大的果实，宽35～50厘米，外面长有一层海绵状的纤维质外壳，剥开外壳后就是坚果。海椰子的一个果实就重达25千克，其中的坚果重约15千克，是世界上最大的坚果，被称为"最重量级椰子"。

海椰子树雌雄异株，而且特征明显。雄树高大，雌树娇小，生长速度都极为缓慢，从幼株到成年需要25年的时间。雄树每次只开一朵花，花长1米多，其外形酷似男子的生殖器。雌树的花朵要在受粉2年后才能结出小果实，这种果实就是人们所谓的母椰子，其外形酷似女性的下体。海椰子的果实成熟要等七八年的时间。一棵海椰子树的寿命可长达

千余年，可连续结果850多年。最神奇的是，这种树的雌雄双株总是相依而生，树的根系在地下紧紧缠绕在一起，如果其中一棵树早夭，另一棵也会"殉情"而死，"感情"甚笃。

海椰子的坚果是合生在一起的两瓣椰子，因此，塞舌尔人将其誉为"爱情之果"。海椰子果皮内的果汁稠浓至胶状，味道香醇，可食用也可酿酒，果肉熬汤服用，还可治疗久咳不止，并有止血功效。其椰壳经雕刻镶嵌，可作装饰品。

海椰子虽然如其他椰子一样可以在海上漂浮，随海水远走他乡，却不能在海滩上生长。因此，海椰子目前只在塞舌尔有出产，加上它生长得十分缓慢，百年才能长成，果实要七八年才能成熟，所以就显得越发珍贵了。其主产地被塞舌尔政府划为"天然保护地"，海椰子树得到当地政府和人民的精心呵护。海椰子不仅一颗售价就高达几百美元，还必须经政府批准才能够携带出境。

傲骨嶙峋的常绿乔木——冷杉

冷杉属古老的裸子植物松科中的一个属——冷杉属，它的家族成员在全世界有50多个，已知中国原产的冷杉属植物有19种及3个变种。在我国，冷杉主要分布于东北、华北、西北、西南及台湾的高山地区。1987年，国际物种保护委员会（SSC）将冷杉列入世界最濒危的12种植物之一。

冷杉是一种高大的常绿乔木，树冠为尖塔形，树皮为深灰色，有不规则薄片状裂纹。小枝平滑，呈淡褐黄、淡灰黄色，有圆形叶痕；叶为线形，扁平，上面中脉凹下，叶长1.5～3.0厘米，宽2.0～2.5厘米，先端微凹或钝，叶缘反卷或微反卷；球果单生于叶腋，较大，直立，呈圆柱状卵形或圆柱形，熟时为暗蓝黑色，略有白粉状物覆盖，有短梗；种鳞

为木质，成熟时脱落。

冷杉还具耐阴性强、耐寒、喜凉润气候的特点，常组成大面积单纯林或混交林。

冷杉很珍贵，在冷杉的众多亚种中最珍贵的就是百山祖冷杉了。1976年定名发表的百山祖冷杉，是我国浙江省百山祖自然保护区的特有植物，生长在号称浙江第二高峰的百山祖主峰西南侧1700米的山谷中。目前，自然生长的这种冷杉不超过5株。由于种种原因，这种冷杉的自然繁殖十分困难，常规人工无性繁殖也困难，濒临灭绝境地。

那么，人们不禁要问，是什么原因使得冷杉变得如此珍贵和稀少了呢？原来，冷杉多分布于寒冷湿润的高纬度高海拔地带，第四纪冰川时期，全球气温下降又回升，冷杉的分布趋向低纬度。现在，由于气温逐渐变暖，冷杉不能适应环境的变化，所以就变得越来越稀有了。

冷杉有重要的学术价值，比如百山祖冷杉是我国特有的古老残遗植物，是苏、浙、皖、闽等省唯一遗存至今的冷杉属物种，对研究植物区系和气候

变迁等方面有较重要的学术意义。

季风气候区的珍稀树种——华盖木

　　华盖木为我国特有的单种属植物，是木兰科木兰亚科顶生花木兰族中的原始类群，目前仅见于云南省文山州西畴县法斗乡，其对木兰科分类系统和古植物学区系等的研究有学术价值。

　　华盖木属于常绿大乔木，树干挺拔通直，高可达40米，胸径可达1米以上，全株各部无毛。树皮为灰白色。枝为绿色。叶为革质，长圆状倒卵形或长圆状椭圆形，长15～26厘米，宽5～8厘米，先端圆，具长约5毫米的急尖，尖头钝而稍弯，基部楔形，上面为深绿色，侧脉每边13～16对。叶柄长1.5～2厘米，无托叶痕。花芳香，花被片肉质，有9～11片，外轮3片，片长

圆形，外面为深红色，内面为白色，长8~10厘米，内轮2片，为白色，渐狭小。雄蕊约65枚，花药内向纵裂；雌蕊群长卵圆形，具短柄，有13~16枚心皮，每心皮具胚珠3~5枚。聚合果为倒卵圆形或椭圆形，长5~8.5厘米，直径3.5~6.5厘米，具稀疏皮孔；蓇葖厚木质，长圆状椭圆形或长圆状倒卵圆形，长2.5~5厘米，顶端浅裂；每果内含1~3粒种子，外种皮为红色。

华盖木生长于云南亚热带季风气候区的潮湿山地中，那里四季不明显，但干湿季分明，雾期长。天然的自然环境造就了华盖木木材结构细致，有丝绢般的光泽，耐腐、抗虫。但因历年砍伐利用，现存野生华盖木的数量已极少。由于其花芳香，开放时常被昆虫咬食雌蕊群，故成熟种子甚少，即使种子成熟，亦由于外种皮含油量高，也不易发芽，而影响了其天然更新。若产地森林继续遭到破坏，或残存植株被砍伐，这一珍稀的树种就有灭绝的危险。

百草之王——人参

人参属五加科多年生草本植物，产于中国东北地区，为"关东三宝"（人参、貂皮、乌拉草）之首，亦见于朝鲜半岛，称"朝鲜参""高丽参"。野生的称野山参，栽培的称园参；按加工方法不同又分为生晒参、红参等。人参已被列为国家珍稀濒危保护植物。

人参的株高为40~50厘米，有纺锤形或圆锥形的肉质根，根上有细密的皱纹，色淡黄，常斜生，多须根。主根顶端有根状茎，根状茎很短，多不明显，俗称"芦"或"芦头"。轮生掌状复叶。初夏开黄绿色小花，伞形花序单个顶生。果实呈扁圆形，大小如豆粒，秋天成为鲜红色的浆果，内有2粒种子。

由于人参纺锤形的肉质主根及分枝很似人形，加之其多肥厚，就如胖娃

娃一般，所以人们常叫它"人参娃娃"。人参也是非常有灵性的植物，民间甚至流传说人参能够像动物一样行走。

野生的山参，多生长在气温低、光照长、土壤肥沃的山坡上。

人参是我国传统的珍贵药用植物，在古代有许多别名和雅号，如：神草、王精、地精、土精、黄精、血参、人衔、人微等。在中国的医药史上，使用人参的历史非常悠久。

早在战国时代，良医扁鹊对人参的药性和疗效就有所了解；秦汉时代的《神农本草经》，把人参列为药中上品；汉代名医张仲景的《伤寒论》，全书113方，用人参的就有21方；在明代，李时珍编著的《本草纲目》中也有大量关于人参的记载。中医还用"独参汤"挽救垂危病人，民间传为"救命汤"。在中药学上，人参有大补元气，治疗久病虚脱、大出血、大吐泻等危重病症以及具有健脾益肺、生津安神等功效。正由于此，人参一向被称为"中药之王""百草之王"，世界闻名。

那么，是什么原因使得人参具有如此神奇的功效呢?原来人参含有多种皂苷、人参酸、多种氨基酸、糖类、维生素类、植物甾醇和挥发油等，具有抗衰老、抗肿瘤，加强大脑、心脏、脉管的活力和造血功能，能够刺激内分泌机能，兴奋中枢神经系统，并可使网状内皮系统功能亢进等。

野生人参生长缓慢，采取困难，疗效很高，所以非常珍贵。据说，1981年8月，吉林省长白山区抚松县有4位农民在深山老林中采到一支百年野山参，重达287克，主体长9.5厘米，被称为"参中之王"，现陈列在北京人民大会堂吉林厅中。人参在我国的药用历史约有4000年，但由于人们长期过度采挖，以及它分布的范围较小，变得极为稀少。目前，已在长白山等地建立了自然保护区。

在我国，有关人参的历史传说很多，文学作品和民间故事中都有大量描写。《红楼梦》中，王夫人翻箱倒柜找人参，是人们所熟悉的故事。而在人参的故乡东北，有关人参神话般的有趣故事更多。在这些故事里，人参常常作为正义和善良的化身，有时是一个身穿红兜肚、聪明伶俐的小男孩，有时是一个头簪红花、身着绿袄的美丽姑娘，有时又是一个童颜鹤发的慈祥老人，有时又是射出一缕豪光的北斗星。这些故事不知流传了多少年，但依然引人入胜。尽管这些传说不一，但都反映了人们对人参的了解、喜爱和珍视。

木中极品——紫荆木

紫荆木又名子京、胶根、刷空母，属山榄科常绿乔木，是我国海南的珍贵树种之一，主要分布于海南山区的热带季雨林中，在越南北部也有分布。它是一种濒临灭绝的珍贵树种，被列为我国二级重点保护野生植物。

紫荆木树形高大，可达30米，体内具白色乳汁。树皮黑褐色，内层浅红色，呈片状剥落；嫩枝密生皮孔，被淡黄色绒毛。叶互生，全缘，常聚生于枝顶，薄革质，长椭圆倒卵形，先端钝圆，基部楔形。花腋生，被绒毛，萼片下垂，合瓣花冠凸出萼外。浆果椭圆形或近球形，稍偏斜，长2～3厘米，具宿存花柱。种子椭圆形。

紫荆木能耐旱耐瘠薄，但幼年生长缓慢，天然更新较弱。

紫荆木具有重要的经济价值和生态价值。紫荆木木材硬重、耐腐、干燥后不收缩，是海南珍贵木材之一，种子可食，且含油量高，是优良的油料树种。

由于人类的过度采伐，不合理利用以及对其生存环境的破坏，紫荆木日趋枯竭，正受到越来越多科研工作者以及环境保护人士的关注。

木中"火凤凰"——凤凰木

凤凰木又名火树、红楹，属豆科凤凰木属的落叶乔木，是热带观赏花树，原产于非洲，为马达加斯加的国树。我国从很早就开始自非洲引进了这个树种，并深得人们的喜爱。凤凰木花是我国广东省汕头市的市花，也是福建省厦门市、台湾台南市、四川攀枝花的市树。野生凤凰木属濒危物种。

凤凰木株高可达20米，树冠宽广，平展成伞形。凤凰木的叶为二回羽状复叶，有10～24对羽片，每一羽片上有20～40对小叶，小叶为长椭圆形。凤凰木夏季开花，为总状花序，花大，为艳丽的红色，每当开花时，满树火红一片，富丽堂皇，在绿叶的映衬下，犹如蝴蝶飞舞其上。因"叶如飞凤之羽，花若丹凤之冠"而得名凤凰木。

凤凰木在开花后结出一条条长形荚果，扁平略弯，如日本武士刀一般，

长可达50厘米。果实成熟后呈深褐色，木质化，内藏40~50粒细小的种子，平均每颗种子重量为0.4克。种皮有斑纹，有毒，不可误食。

和许多豆科植物一样，凤凰木的根部有根瘤菌，为了适应多雨潮湿的气候，树干基部长有板根。

凤凰木由于生长速度较快、树冠横展而下垂、浓密阔大而招风，在热带地区担任遮阴树的角色，但正是因为凤凰木的这些特点，它在澳大利亚被当作侵入品种，部分原因是其阔大的树冠及浓密的树根会阻碍当地其他一些树的生长。

老树幼树叶不同的植物——秃杉

秃杉属杉科台湾杉属，与台湾杉是孪生兄弟，是世界稀有的珍贵树种，只生长在缅甸以及我国台湾、湖北、贵州和云南。它最早于1904年在台湾中部中央山脉乌松坑海拔2000米处被发现，为我国二级重点保护野生植物。

秃杉为常绿大乔木，植株异常高大。秃杉树高可达60米，直径2~3米，但这种树生长缓慢，直至40米左右高时才生枝，树冠之下高直而光秃，故名秃杉。它的树冠小，树皮呈纤维质，叶在枝上的排列呈螺旋状。奇怪的是，都是一样的树种，但是秃杉的幼树和老树上的叶形却有所不同。幼树上的叶尖锐，为铲状钻形，大而扁平；老树上的叶呈鳞状钻形，横切面呈三角形或四棱形，上面有气孔线。

秃杉是雌雄同株的植物，花呈球形。其雄球花5~7个簇生在枝的顶端，雌球花比雄球花小，也着生在枝的顶端。长成的球果为椭圆形，没有鳞片，苞片倒圆锥形至菱形。虽然秃杉是高大的乔木，但是其种子只有5毫米左右长，带有狭窄的翅。难以想象，这么小的种子竟然能长成一株参天的大树。

秃杉具有很高的经济价值。由于秃杉树干挺直，木质软硬适度、纹理细致，心材为紫红褐色，边材为深黄褐色带红，且易于加工，是建筑、桥梁和制造家具的好材料。此外，它还是营造用材林、风景林、水源林、行道树的良好树种。

秃杉为第三纪孑遗植物，可以说是植物界的活化石，大量繁育栽培成为保护这种濒危植物的重要手段。目前，随着国家生态环境的建设和人们对秃杉的进一步认识，它有望成为植树造林和园林绿化中的后起之秀。

百年成材的珍贵树种——楠木

楠木属樟科，种类很多，主要产于我国四川、贵州、云南、广西、湖北、湖南等地，是一种极其珍贵的树种。关于楠木的分类，古代的书籍《博物要览》载："楠木有三种，一曰香楠，又名紫楠；二曰金丝楠；三曰水楠。南方者多香楠，木微紫而清香，纹美。金丝者出川涧中，木纹有金丝。楠木之至美者，向阳处或结成人物山水之纹。水河山色清而木质甚松，如水杨之类，唯可做桌凳之类。"可见，古人对楠木的习性和分类已有深入的了解和划分。遗憾的是，现在已经很少见到野生的楠木了。楠木属国家二级重点保护野生植物，也是我国的特产树种。

楠木为中亚热带常绿乔木，树干通直，高达30米以上，胸径1米。它树姿

优美，既是上等的用材树种，又是极好的绿化树种，常做庭阴树及风景树。楠木叶为长圆形至长圆状倒披针形，下面被短柔毛，侧脉明显。圆锥花序腋生，被短柔毛。核果为椭圆形或椭圆状卵形，呈黑色。

　　楠木的产地范围小，喜生长在气候湿润、冬暖夏热的地区，不耐寒冷，主要分布于四川、贵州、湖北和湖南等海拔1000～1500米的亚热带地区的阴湿山谷、山洼及河旁。

　　楠木的数量之所以稀少，是和它自身的生长特点分不开的。据资料表明，一般天然生楠木，初期生长甚缓慢，20年生的楠木树高的生长量仅约5.6米，胸径的生长量仅约4.1厘米，至60～70年以后，才达生长旺盛期。楠木树高生长以50～60年最快，胸径以70～95年最快，材积以60～95年最快，这表明楠木具有后期生长迅速的特性。所以，楠木通常都是色泽淡雅、伸缩性小、容易操作而耐久稳定的木材，是非硬性木材中最好的一种。它的这些特点决定了如果要得到一棵巨大的成材的楠木，至少要等上100年。

楠木因其树形端丽、叶密阴深，适于栽植在草坪中及建筑物旁，或与其他树类在园之一隅混植成林，以增景色。楠木还具有防风及防水之功效，在各地寺院附近，古楠木甚多。由于历代人对楠木的砍伐利用，致使这一丰富的森林资源近于枯竭。目前所存的楠木林区，多系人工栽培的半自然林和风景保护林；在庙宇、村舍、公园、庭院等处尚有少量的大楠木树，但病虫危害较严重，也相继衰亡。

历史上关于楠木的传说很多。根据苏州出土的一座春秋时期的墓葬得知，那时的人们已经用楠木做棺材，2000多年后的今天，那棺材虽然因为年代过久而朽坏，但是除去外表的腐朽，内里不仅木质尚存，而且可以经得起轻击，这也证明了楠木的奇特性。传说中认为楠木是水不能浸、蚁不能蛀的，所以才能出现历经几千年仍相对完好的棺木了。而这种现象也正好印证了那句老话："生在苏州，吃在广州，玩在杭州，死在柳州。"最后一句说的就是楠木，因为柳州出楠木棺材。

楠木木材优良，具芳香气，硬度适中，弹性好，易于加工，很少开裂，为建筑、家具等的珍贵用材。器具除做几案桌椅之外，主要用做箱柜。北京故宫博物院及现存上乘古建筑多为楠木构筑，如文渊阁、乐寿堂、太和殿、长陵等重要建筑都有楠木装修及家具，并常与紫檀配合使用。如明十三陵中，建成于明永乐十一年（1413年）的长陵棱恩殿，占地1956平方米，全殿由60根直径1.17米、高14.30米的金丝楠木巨柱支撑，黄瓦红墙，垂檐庑殿顶，是我国现存最大的木结构建筑大殿之一。清朝康熙时修建的承德避暑山庄的主殿——"澹泊敬诚"殿，也是一座著名的楠木大殿。

楠木木材和枝叶含芳香油，蒸馏可得楠木油，是高级香料。

濒危的"罗汉"——海南罗汉松

海南罗汉松，属罗汉松科，是渐危树种，为我国海南省特有树种，对研究海南植物区系和保护物种有一定的意义。但是，由于多年来人们过度的开发利用，目前仅在海南南部尚未开发的天然林中有少量分布，资源很少。

海南罗汉松是一种高大的树种，成年的罗汉松高达16米左右，胸径约60厘米，海南罗汉松的叶呈线形、披针形、椭圆形或鳞形，呈螺旋状排列，近对生或对生，有时基部扭转排成两列。海南罗汉松是雌雄异株的树种，雄球花为穗状或有分枝，为单生或簇生叶腋，稀顶生，具多数雄蕊，每株雄蕊具2个花药，花粉常具2个大而较薄的气囊，稀具3～4个气囊，外壁有细颗粒状纹理；雌球花通常为单生叶腋或苞腋，稀顶生，有梗或无梗，有数枚螺旋状着生或交互对生的苞片，最上部的苞腋有1枚倒生胚珠，套被与珠被合生花

后套被增厚成肉质假种皮，苞片发育成肥厚或稍肥厚的肉质种托，或苞片不增厚。种子为椭圆形，核果状，下部有肥厚、肉质、暗红色的种托。海南罗汉松的花期为3~4月份，种子成熟期为9~10月份。

罗汉松零星分布于海南省南部海拔600~1600米的山坡或山脊林中，那里地处热带，气温较高，有明显的旱期。

此外，海南罗汉松可谓全身都是宝，是重要的经济树种。其木材材质细致均匀，纹理直，有光泽，硬度适中，干后不裂，易加工，耐腐力强，可用于制作乐器、文具、雕刻、农具、家具、桥梁、船舰等。此外，它的枝叶还含有丰富的维生素，树皮含鞣质、树脂及挥发油。

 # "茶叶皇后"——金花茶

金花茶为山茶科山茶属植物，与茶、山茶、南山茶、油菜、茶梅等是孪生姐妹。金花茶的自然分布区很小，仅限于我国广西南宁地区。金花茶为国家一级保护野生植物。

金花茶是山茶科的常绿小乔木，它的花非常美丽，被誉为"茶中皇后"，这主要是由于它们的姿容甲天下。每年11月至翌年2月，当金花茶盛开的时候，靓丽的黄花点缀在琼枝玉叶之间，金瓣玉蕊，晶莹无瑕，半透明蜡质感，一尘不染。朵朵茶花温柔文雅，十分秀丽，微风吹来，清香流淌，风姿绰约，高贵雍容之神韵无与伦比。目前，世界上几千个茶花品种中，还没有这种金黄色的品种，所以更为国内外园艺工作者所瞩目。在自然情况下，金花茶为深根性植物，侧根少。

金花茶一般生长在低缓丘陵地区、阴坡溪沟处，喜欢土壤疏松、排水良

好的酸性土壤。金花茶喜温暖湿润的气候，仅分布于广西南部的常绿阔叶林中，因此广西被称为"金花茶的故乡"。

金花茶不仅外表漂亮，而且还是著名的经济茶种。金花茶的嫩叶可制茶，老叶煎服还有医治痢疾的作用，外用清洗伤口有消炎、止血、杀菌的功效，种子可榨油，花可用来作为食品的天然色素。

1960年，我国植物学工作者第一次在广西邕宁区发现这种稀有的观赏植物。金花茶的发现轰动了全世界的园艺界，受到了国内外园艺学家的高度重视，认为它是培育金黄色山茶花品种的优良原始材料。

金花茶是一种古老植物，由于其结果率极低，世界稀有，故又被称之为植物界的"大熊猫"。随着人们对森林的砍伐及大量野生苗木的采挖，野生金花茶资源已遭到严重破坏，种群数量也正在逐年减少。鉴于此，1996年，广西壮族自治区防城建立了金花茶国家自然保护区，对金花茶进行重点管护。

为了使这一国宝级植物更好地繁衍生息，我国科学工作者正在进行杂交选育试验，以培育出更加优良的品种。近年来，科研人员已经成功运用种子育苗及嫁接等方法进行扩大繁殖，在广西南宁、云南昆明等地，均已初步引种成功。

花色明艳的大树——云南石梓

云南石梓又名大叶石梓、甄子树、酸树、埋索（傣语）等，属马鞭草科落叶乔木。云南石梓在国外主要分布于印度、孟加拉、斯里兰卡、缅甸、泰国、老挝和马来西亚等地，在我国仅零星分布于云南西双版纳、思茅、临沧、德宏等地区。野生的云南石梓目前处于稀有状态，属国家二级重点保护野生植物。

云南石梓的株高通常为25～30米，直径为50～80厘米；树皮为灰褐色，呈不规则块状脱落；幼枝为四棱形，具毛及灰白色皮孔，叶痕明显。叶对生，坚纸质，宽卵形，先端渐尖，基部宽楔形至浅心形，近基部有明显的盘状腺体2至数个，全缘，上面被微毛或老时近于无毛，下面密被绒毛；叶柄长8～13厘米。聚伞状圆锥花序顶生，花萼钟状，花冠黄色，间有褐色斑块。核果椭圆形或倒卵状椭圆形，熟时黄色，干后黑色，下有宿萼。

云南石梓的花期与大部分的植物一样，为3～4月份，果期为5～6月份。

云南石梓是一种典型的热带植物，多生长在没有冬季、雨量充沛的热带地区。云南石梓为阳性树种，因此多生长在南向山谷中。它在季节性雨林中常构成上层成分，伴生的主要树种有合果木、绒毛紫薇等。

云南石梓具有很高的综合利用价值。其材质优良，心材耐腐、抗虫、防

湿性能特强，是当地群众所喜用的建筑、家具用材。而且，云南石梓具有初期速生的特性，在一般自然条件下，30龄植株，其胸径可达30厘米以上。

由于人们长年不合理的采伐和近年来毁林开荒，破坏十分严重，现存的天然野生云南石梓已明显减少，但随着人们自然环保意识的加强，对云南石梓的保护意识已经有了提高，比如在西双版纳的勐腊、勐苍均已建立自然保护区。现在，人们不但加强了对云南石梓的保护，而且扩大了栽培，在海南和广西西南部已引种试种。

第三章　有毒动物

奇趣生物

释放毒液的行动迟缓者——美洲毒蜥蜴

美洲毒蜥蜴身长约50厘米，夜间活动，在食物不足的时候，它可以凭借预先积存在尾部的脂肪生存。美洲毒蜥蜴主要分布在墨西哥西北部、美国西南部，以及美洲沙漠地带。

美洲毒蜥蜴的下颚有毒腺，但是在没有遇到危险的时候，一般不会使用毒液。一旦毒蜥蜴开始使用毒液攻击，直至猎物因中毒而死它才会停止注入毒液。

臭名昭著的毒蜘蛛——黑寡妇

黑寡妇蜘蛛（简称黑寡妇）是一种具有强烈的神经毒素的蜘蛛。它是一种广泛分布的大型蜘蛛，通常生长在城市居民区和农村地区。黑寡妇蜘蛛这一名称一般特指属内的一个物种，有时也指多个寡妇蜘蛛属的物种，根据世界蜘蛛目录第7版（蛛形纲2006）发现有31种。在南非，黑寡妇蜘蛛被称作纽扣蜘蛛。

其实，黑寡妇雄蜘蛛性格较温和，毒性很小，不会袭击人。而黑寡妇雌蜘蛛性情"歹毒"，它们不但袭击其他昆虫，而且吞食自己的"丈夫"，甚至敢攻击招惹它们的人。黑寡妇雌蜘蛛是世界上毒性最强的蜘蛛之一，它的毒液比响尾蛇毒还强15倍，只是分泌量较少使被攻击的动物致死率显得稍低。

　　成年雌性黑寡妇蜘蛛腹部呈亮黑色，并有一个红色的沙漏状斑记。这个斑记通常是红色的，有些可能介于白色与黄色间或是某种红色与橘黄色间的颜色。对某些物种，斑记可能是分开的两个点。雌性黑寡妇蜘蛛腿展开时大约38毫米长。躯体大约13毫米长。雄性黑寡妇蜘蛛大小约只有雌性蜘蛛的一半，甚至更小。它们相对于躯体大小具有更长的腿和较小的腹部。它们通常呈黑褐色，并具有黄色条纹，以及一个黄色的沙漏斑记。成年雄黑寡妇蜘蛛可以通过更纤细的躯体与更长的腿和更大的须肢与未成年雌黑寡妇蜘蛛区别开来。

　　黑寡妇蜘蛛通常生活在温带或热带地区。它们一般以各种昆虫为食，不过偶尔它们也捕食虱子、马陆、蜈蚣和其他蜘蛛。当猎物被缠在网上，黑寡妇蜘蛛就迅速从栖所出击，用坚韧的蛛丝将猎物稳妥地包裹住，然后刺穿猎物并将毒素注入。毒素10分钟左右起效，此间猎物始终被黑寡妇蜘蛛紧紧地把持着。当猎物停止挣扎后，黑寡妇蜘蛛将消化酶注入猎物的伤口。随后，黑寡妇蜘蛛将猎物带回栖所待用。

　　作为节肢动物的共同特征，黑寡妇蜘蛛具有含几丁质和蛋白质的坚硬外

壳。当雄性成熟时，它会编织一张含精液的网，将精子涂在上面，并在触角上沾上精液。雄性黑寡妇蜘蛛通过将触角插入雌性黑寡妇蜘蛛的受精囊孔实现两性繁殖。交配后，雌性蜘蛛往往杀死并吃掉雄性，但在雌性饱食的情况下，雄性可得以逃脱。雌性产的卵包在一个球形柔滑的囊中，作为伪装和保护。一个雌性黑寡妇蜘蛛在一个夏天能产9个卵囊，每个卵囊含400个卵。通常，卵的孵化需要20～30天，但由于同类相食，这一过程中很少有12个以上的小蜘蛛能存活。黑寡妇蜘蛛发育成熟需要2～4个月。雌性在成熟后能继续生存约180天，雄性则只有90天。

毒性最强的蛙种——箭毒蛙

箭毒蛙亦称毒标枪蛙或毒箭蛙，体型小，通常长仅1～5厘米，但非常显眼，颜色为黑与艳红、黄、橙、粉红、绿、蓝的结合。箭毒蛙栖居地面或靠近地面，全部属于毒蛙科，但并非所有170种都有毒。

箭毒蛙具有某些最强的毒素，其身体各处散布的毒腺会产生一些影响神经系统的生物碱。最毒的种类是哥伦比亚艳黄色的叶毒蛙属，仅仅接触就能伤人。毒素能被未破的皮肤吸收，导致严重的过敏。当地人并不以杀死这种蛙的形式来提炼毒素，而只是把吹箭枪的矛头刮过蛙背，然后放走它。

其他箭毒蛙就没有那么幸运了。哥伦比亚的几个部落利用各种不同的箭毒蛙来提供毒素，以涂抹吹箭枪的矛头。乔科人（Choco）把尖锐的木棒插入蛙嘴，直到蛙释出一种有毒生物碱的泡沫为止。一只箭毒蛙能够提供50支矛浸泡所需的毒素，有效期限一年。有毒的亮丽颜色使这些蛙能在白昼大胆捕猎，摄食蚂蚁、白蚁和住在热带雨林枯枝落叶层的其他小型生物。

　　它们全年繁殖。雌蛙在地面产下果酱般的卵团，由双亲之一守卫，或回来观看并经常将之弄湿。新孵出的蝌蚪由双亲之一背往适合的水坑、树洞或凤梨科植物处。有生存能力后，某些箭毒蛙能够活到15岁。箭毒蛙科有6～8属，130～170种，分布于拉丁美洲从尼加拉瓜到巴西东南部和玻利维亚一带。箭毒蛙毫无疑问是拉丁美洲乃至全世界最著名的蛙类，这一方面是因为它们属于世界上毒性最大的动物之一，另一方面也是因为它们拥有非常鲜艳的警戒色，是蛙中最漂亮的成员。箭毒蛙科的成员并非全部有毒和色彩鲜艳，有毒的成员彼此之间的毒性也有差异，其中毒性大的种类一只所具有的毒素就足以杀死2万只老鼠。箭毒蛙多数体型很小，最小的仅1.5厘米，但也有少数可以达到6厘米。

　　许多箭毒蛙的表皮颜色鲜亮，多半带有红色、黄色或黑色的斑纹。这些颜色在动物界常被用作一种动物向其他动物发出的警告：它们是不宜吃的。这些颜色使箭毒蛙显得非常与众不同——它们不需要躲避敌人，因为攻击者不敢接近它们。最致命的毒素来自于南美洲的哥伦比亚产的科可蛙，只需0.0003克就足以毒死一个人。

被称为"剧毒之杰"之一的温顺者——金环蛇

　　金环蛇中文俗名黄节蛇、金甲带、佛蛇、黄金甲、金报应、金包铁、玄南鞭、金蛇等，是蛇目，眼镜蛇科，环蛇属的一种。

　　金环蛇的形态特征具有鲜明的特点：头呈椭圆形，尾极短，尾略呈三棱形，尾末端钝圆而略扁，通身黑色与黄色相间，黑色环纹和黄色环纹几乎

等宽，黄色环纹在体部有23～28环，在尾部有3～5环，背鳞平滑共15行，背中央的1行鳞片特别大，肛鳞完整，尾下鳞片为单行，腹部为灰白色，体长100～180厘米。

金环蛇栖息于丘陵、山地，常见于潮湿地区或水边，怕见光线，白天往往盘着身体不动，把头藏在腹下，但是到晚上十分活跃，捕食蜥蜴、鱼类、蛙类、鼠类等，并能吞食其他蛇类及蛇蛋，性温顺，行动迟缓，其毒性十分剧烈，但是不主动咬人，卵生，5月底产卵，每次产卵多达11枚。

国内主要分布于广西壮族自治区、广东省、海南省、福建省、江西省、云南省，国外分布于越南、泰国、印度、印度尼西亚、马来西亚、老挝、缅甸等国。

金环蛇是著名的食用蛇之一，蛇体浸酒及蛇胆还被用来入药。长期以来，人们大量捕杀内销或出口以及此蛇分布范围狭窄，所以数量已经不多。

有剧毒的夺命杀手——眼镜蛇

　　眼镜蛇俗称饭匙倩、蝙蝠蛇、胀颈蛇、扇头风等，是几种毒性剧烈的蛇的统称，多数种类的颈部肋骨可扩张形成兜帽状。尽管这种兜帽是眼镜蛇的特征，但并非所有种类皆密切相关。眼镜蛇分布于从非洲南部经亚洲南部至东南亚岛屿的区域，在中国主要分布在云南、贵州、安徽、浙江、江西、湖南、福建、台湾、广东、广西、海南等地，北方亦偶尔可见。眼镜蛇为大中型毒蛇，体色为黄褐色至深灰黑色，头部为椭圆形，当其兴奋或发怒时，头会昂起且颈部扩张呈扁平状，状似饭匙。又因其颈部扩张时，背部会呈现一对美丽的黑白斑，看似眼镜状花纹，故名眼镜蛇。

　　眼镜蛇毒牙短，位于口腔前部，有一道附于其上的沟能分泌毒液。眼镜蛇的毒液通常含神经毒素，能破坏被掠食者的神经系统。眼镜蛇主要以小型脊椎动物和其他蛇类为食。眼镜蛇（尤其是较大型种类）的噬咬可以致命，毒液中的神经毒素会影响呼吸，尽管抗蛇毒血清是有效的，但也必须在被咬伤后尽快注射。在南亚和东南亚，每年发生数千起相关的死亡案例。

能发出响声的剧毒蛇——响尾蛇

响尾蛇属于脊椎动物，爬行纲，蝮蛇科（响尾蛇科），是一种管牙类毒蛇，蛇毒是血循毒，一般体长为1.5米～2米，体呈黄绿色，背部具有菱形黑褐斑。响尾蛇的尾部末端具有一串角质环，为多次蜕皮后的残存物，当遇到敌人或急剧活动时，它迅速摆动尾部的尾环，每秒钟可摆动40～60次，能长时间发出响亮的声音，致使敌人不敢近前，或被吓跑，故称为响尾蛇。响尾蛇的眼和鼻孔之间具有颊窝，是热能的灵敏感受器，可用来测知周围敌人（温血动物）的准确位置。响尾蛇是肉食性动物，喜食鼠类、野兔，也食蜥蜴、其他蛇类和小鸟。常多条集聚一起进入冬眠。卵胎生，每次产仔蛇多达8～15条。主要分布于南、北美洲。

响尾蛇有2属：侏儒响尾蛇属、响尾蛇属。侏儒响尾蛇属体小，头顶上有9块大鳞片；响尾蛇属的体型大小不一，因种而异，但头顶上的鳞片都很小。北美洲最常见的是美国东部和中部地区的木纹响尾蛇（即带状斑纹

响尾蛇）、美国西部几个州的草原响尾蛇，以及东部菱斑响尾蛇和西部菱斑响尾蛇，后两种为响尾蛇中体型最大者。响尾蛇分布在加拿大至南美洲一带的干旱地区，体长差距较大，例如墨西哥的几种较小的种约只有30厘米，而东部菱斑响尾蛇约可达2.5米。有少数种带有横条斑纹，多数为灰色或淡褐色，带有深色钻石形、六角形斑纹或斑点，有些种类为深浅不同的橘黄色、粉红色、红色或绿色，鉴定有时困难。

角响尾蛇生活在沙漠或红土中以及那些被风吹过的松沙地区。它是靠横向伸缩身体前进的，方式很奇特。

角响尾蛇在夜幕降临后就开始捕食。它吃啮齿类动物，例如，更格卢鼠和波氏自足鼠。白天它在老鼠洞里休息，或是将自己埋藏在灌木下，与沙面保持同高，很难被发现。

像其他响尾蛇一样，角响尾蛇的尾部有响环，这是由它身上一系列的干鳞片组成的。这些鳞片曾经也是有活力的皮肤，变成死皮后就成了干鳞片。角响尾蛇会摇动响环，向入侵者发出警告：被它咬到是会中毒的！

角响尾蛇靠一种奇特的横向伸缩的方式穿越沙漠，这使它抓得住松沙，在寻找栖身之处或猎物时行动迅速。

当角响尾蛇从沙地上穿过时，会留下其独有的一行行踪迹。

响尾蛇为了长大而蜕皮。每次蜕皮，皮上的鳞状物就被留下来添加到响环上。当它四处游动时，鳞状物会掉下来或是被磨损。野生响尾蛇的响环上很少超过14片鳞片，而在动物园里饲养的响尾蛇可能会有多达29片的鳞片。

响尾蛇尾巴的尖端地方，长着一种角质链装环，围成了一个空腔，角质膜又把空腔隔成两个环状空泡，仿佛是两个空气振荡器。当响尾蛇不断摇动尾巴的时候，空泡内形成了一股气流，一进一出地来回振荡，空泡就发出了"嘎啦嘎啦"的声音。

多数种类的响尾蛇捕食小型动物，主要是啮齿类动物。幼蛇主要以蜥

蝎为食。所有种类的响尾蛇皆为卵胎生，通常一窝生十几条。与其他蛇类一样，响尾蛇既不耐热也不耐寒，所以热带地区的种类已变为昼伏夜出，暑天时躲在各种隐蔽处（如地洞），冬天群集在石头裂缝中休眠。响尾蛇皆为毒蛇，对人有危害。随着蛇咬伤治疗方法的不断改进，以及一些民间疗法的抛弃（许多民间方法给受毒害者带来更大的危险），响尾蛇咬伤已不再像以前那样威胁人类的生命。尽管如此，被响尾蛇咬伤还是要遭受很大的痛苦。毒性最强的是墨西哥西海岸响尾蛇和南美响尾蛇，这两种蛇的毒液对神经系统的毒害更甚于其他种类。美国毒性最强的种类是菱斑响尾蛇。

人类被响尾蛇咬后，立即便有严重的刺痛灼热感，随即晕厥。这只是初期的症状。晕厥时间短至几分钟，长至几个小时。恢复意识后感觉身体加重，被咬部位肿胀，呈紫黑色；体温升高，开始产生幻觉，视线中所有物体呈一种颜色（大部分呈褐红色或酱紫色）。响尾蛇的毒液与其他毒蛇的毒液不同的是，其毒液进入人体后，产生一种酶，使人的肌肉迅速腐烂，破坏人的神经纤维，进入脑神经后致使脑死亡。生还者回顾说，切开其肿胀的胳膊，他发觉整个胳膊的肉都烂掉了，里面都是黑黑的黏乎乎的东西，就如同熟透而烂了的桃子。

令人闻之色变的凶猛昆虫——杀人蜂

在南美洲，有一种令人们闻之色变的"杀人蜂"。据不完全统计，在短短的几十年里，已经有几百人被这种毒性极强、凶猛异常的蜂活活地蜇死。至于在这种蜂的攻击下，死于非命的猫狗和其他家畜，更是不计其数。

所谓的杀人蜂是介于非洲蜜蜂和欧洲蜜蜂亚种之间的一个杂交种。1956年，巴西的昆虫学家为了改良当地的蜜蜂，使它们能多产蜜，就特意从非洲引进一种野性十足、产蜜量高的野蜂，与当地的蜜蜂杂交，没想到竟繁育出了这种攻击性强的蜂。后来，因管理员的疏忽，此杂交蜂意外逃出北飞，它们一年能飞约320～480千米，20世纪80年代飞至墨西哥，1990年飞抵美国得克萨斯州，如今广布美国西南大部分地区，包括加利福尼亚州南部、内华达州南部，以及亚利桑那州全境。

此外，在佛罗里达州已发现一群数量逐渐增多的非洲化蜜蜂。它们已造成数百人死亡。这种非洲化蜜蜂的体型较欧洲种小，对植物的传粉作用也不大。这种蜜蜂虽然毒性不强，但在栖息地受到威胁时反应快，采取群攻，穷追不舍的时间较长，距离更远，需时很久才能平息。

杀人蜂为什么这么好斗呢?科学家认为，杀人蜂生活在非洲，那里的天

敌很多，如果不主动发起进攻，就会被其他动物消灭。在艰难的环境中，经过自然选择，那些富有进攻性的蜂群得以保存下来，繁殖后代。它们成群结队，来势凶猛，许多动物见了，闻风而逃，就连狮子也无法对付它们。

蜜蜂研究专家奥利·泰勒教授对杀人蜂进行了多年研究后发现，蜂王是蜂群行动的指挥者，一旦发现活动中的生物，就"命令"进攻，穷追不舍，一追就是几千米。

有趣的是，当蜂王分泌出一种叫弗罗蒙的物质，群蜂一闻到这种气味，顿时变得温顺起来，就会停止战斗。现在，这种物质已经能够人工合成了。泰勒将物质弗罗蒙和一只蜂王放到自己下颌的长胡子上，手捧着蜂箱，杀人蜂爬满了他的脸庞，却不刺蜇人。

食毒防身的特殊物种——黑脉金斑蝶

黑脉金斑蝶又名大桦斑蝶，黑脉金斑蝶、黑脉桦斑蝶，俗称"帝王蝶"，是北美地区最常见的蝴蝶之一，也是地球上唯一的迁徙性蝴蝶。种类有鳞翅目、蝶亚目，斑蝶科属斑，斑蝶属。

其幼虫以有毒植物马利筋为食，是一种食毒以防身的特殊物种。

马利筋，是一种广泛分布于落基山脉以东，北至加拿大、南至墨西哥等广大地区的多年生直立草本毒性植物，全株有含毒性的白色乳汁。马利筋与黑脉金斑蝶同属亚热带物种。经过漫长进化，马利筋逐渐适应北方寒冷的气候，向北美地区发展，黑脉金斑蝶也随之向北迁移。但是，黑脉金斑蝶无法忍受北美寒冷的冬季，于是进化出长途跋涉的能力。秋季，当马利筋枯黄时，它们大批南下；春季，当马利筋逐渐复苏时，它们又重返北方。目前，随着气温由南向北升高，大批黑脉金斑蝶也追逐马利筋逐渐向北迁移。

　　从每年的5月底至6月初，当黑脉金斑蝶从墨西哥迁回来时，它们会在长满马利筋的田野里停下来，它们对马利筋可谓是情有独钟，因为雌蝶要在这种植物幼嫩的植株上产卵。它们落在叶面上，用多节前腿确认是马利筋后，才将针头般大小的卵一个个地产在叶子下面，产完卵后不久便结束了它的一生。

　　3～10天后，微小的白色幼虫孵化而出。幼虫从头至尾有黄、白、黑斑纹相间分布。幼虫以马利筋为食，先将卵鞘（昆虫及软体动物等装卵的保护囊）吃掉，然后切开叶脉，很快开始大量吮吸植物汁液。乳草植物黏稠的汁液味苦且极具毒性，但可以保护黑脉金斑蝶在发育阶段免于被捕食。鸟类如果咬食黑脉金斑蝶幼虫，便会产生呕吐，从此记住黑脉金斑蝶幼虫鲜艳的颜色，对其敬而远之。

　　黑脉金斑蝶幼虫仅在早期吮吸马利筋的叶汁，是为了保证自身不会过量食毒。在经过4次蜕皮之后，幼虫化为蛹。1～3周后，蛹变得通体透明，里面

的翅膀清晰可见。羽化成虫通常在早晨破蛹而出。

成虫起初的样子有些怪，腹部肥大，翅膀皱折，身体紧悬于残蛹之上，待体液泵入翅膀，翅膀逐渐展开并硬朗起来，成虫就可以振翅高飞了。

9月，当马利筋的种子开始成熟时，黑脉金斑蝶向3000千米外的墨西哥中部山脉迁徙，在那里的杉树上安家落户后，然后进入冬眠。次年3月，黑脉金斑蝶完成交配后，5月底至6月初又开始往回飞，沿途一般有3~4代孵出。

最毒的甲虫——斑蝥

斑蝥，别名"斑猫""龙蚝""地胆"，属鞘翅目芫青科斑蝥属，是最毒的甲虫。全世界有斑蝥2300多种，我国则有29种。斑蝥全身披黑色绒毛，翅细长椭圆形，质地柔软，体长为11~30毫米，翅基部有两个大黄斑，中央前后各有一黄色波纹状横带，足具有黑色长绒毛，危害大豆、花生、茄子等作物。

斑蝥多群集取食，成群迁移。当它遭到惊动时，为了自卫，便从足的关节处分泌出黄色毒液。此黄色毒液内含有强烈的斑蝥素，其毒性甚强，能破坏高等动物的细胞组织，与人体接触后，能引起皮肤红肿发泡。

世界上最毒的生物——澳洲灯水母

澳洲灯水母是世界上最毒的生物之一，在十大毒王排行榜中居第一位。

如果你在海中游泳时不幸被澳洲灯水母的"武器"（触角）缠住，就如同被几十条烧红的鞭子同时抽打一般，让你在极其疼痛中，饱受恶心、呕吐、呼吸困难的摧残，然后很快毙命。

虽然人类必须被至少10米长的触角缠住，才会被注射能致命的毒液量，可一只澳洲灯水母就有60只触角，而且每只触角长达9米，其刺丝囊满满地排列在上面，所以人在海里一旦被它的触角粘上，通常是必死无疑。不过，澳洲灯水母的刺丝囊只有在接触到人类皮肤表面或覆有鳞片的皮肤时才会因化学作用起反应。因此，如果想保住性命，就得在你的皮肤与澳洲灯水母之间放置障碍物。于是，足智多谋的澳洲海岸巡逻队员在巡逻海滩时会在手脚上穿戴女式长筒丝袜。

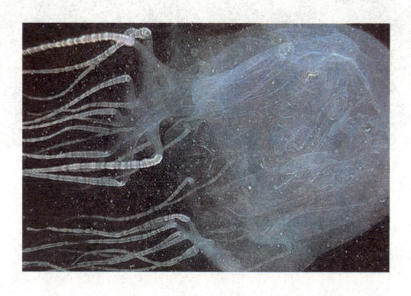

奇趣生物

世界上最毒的蝎子——巴勒斯坦毒蝎

　　地球上毒性最强的蝎子——巴勒斯坦毒蝎，在毒王榜上排名第5，它长长的螯的末尾是带有很多毒液的螯针，趁你不注意的时候刺你一下，螯针释放出来的强大毒液让你极度疼痛、抽搐、瘫痪，甚至心跳停止或呼吸衰竭。它主要生活在以色列和远东的其他一些地方。

海参之王——梅花参

海参的种类很多，全世界大约有1100种，分布在各大海洋之中。

这么多的种类中，要数梅花参的个体最大。它的体长一般在60～70厘米，宽约10厘米，高约8厘米，最大者体长可达90～120厘米，故名"海参之王"。

梅花参形似长圆筒状，背面的肉刺很大，每3～11个肉刺的基部连在一起，有点像梅花瓣状，所以人们称它为"梅花参"；又因为它的外貌有点像凤梨，也称它为"凤梨参"。

梅花参多生活在有少量海草、堡礁的沙底，以小生物为食，它的泄殖腔内长有一种隐鱼共生。梅花参的色彩十分艳丽，背面上显现出美丽的橙黄色或橙红色，还点缀着黄色和褐色的斑点；腹面带红色；20个触手都呈黄色。

梅花参所含的海参毒素集中在内脏内，如人误食含毒的内脏就会中毒。

栖息在草丛中的毒蜘蛛——红带蛛

红带蛛有剧毒，体表呈黑色，雄蛛腹部有红色斑点，雌蛛体长可达2厘米。红带蛛的毒液可破坏人以及骆驼、马等大牲畜的神经系统，严重时可导致死亡。这种毒蜘蛛主要分布于中亚、西亚、南欧、北非和俄罗斯阿尔泰边区。在没有受到惊扰的情况下，红带蛛通常是不会主动攻击人的。红带蛛常栖息在草丛中，因此，人在草丛中休息时，须先查看一番。在草丛中行走时不能光着

脚。毒理学专家建议，一旦被红带蛛咬伤，须赶快点燃火柴，灼烧伤口。红带蛛毒液的主要成分为蛋白质。被灼烧后，毒蛋白便会凝固，从而减轻毒液的危害。此后，伤者须尽快送往医院。若救治及时，伤者可完全康复。

中国分布最广的毒蛇——蝮蛇

蝮蛇别名土公蛇、草上飞，是我国各地均有分布的一种小型毒蛇，除食用外，还有很高的医药价值。

蝮蛇体长一般为60～70厘米，头略呈三角形。背面灰褐色到褐色，头背有一深色"∧"形斑，腹面灰白到灰褐色，杂有黑斑。

蝮蛇常栖于平原、丘陵、低山区或田野溪沟的乱石堆下或草丛中，弯曲成盘状或波状，捕食鼠、蛙、蜥蜴、鸟、昆虫等。蝮蛇的繁殖、取食、活动等都受温度的制约，低于10℃时蝮蛇几乎不捕食；5℃以下进入冬眠；20℃～25℃为捕食高峰期；30℃以上时钻进蛇洞栖息，一般不捕食。蝮蛇夜间活动频繁，春暖之后陆续出来寻找食物。

仔蛇2～3年性成熟，可进行繁殖。蝮蛇的繁殖方式和大多数蛇类不同，为卵胎生殖。蝮蛇胚在雌蛇体内发育，刚出生的仔蛇就能独立生活。这种生殖方式使胚胎能受母体保护，所以成活率高，对人工养殖有利，每年5～9月为繁殖期，每次可产仔蛇2～8条。初生的仔蛇体长14～19厘米，体重21～32克。新生仔蛇当年脱皮1～2次，然后进入冬眠。用蝮蛇做原料生产的一些贵重药品能医治多种疑难

病症。蝮蛇的毒素是生产高效抗血栓药物的原料；蛇干有祛风、镇静、解毒镇痛、强壮、下乳等功效。因此，人工养殖蝮蛇有较高的经济价值。蝮蛇纯干毒粉在国际市场是黄金价的20倍，在国内每克价超过1000元。

守株待兔的猎食者——毛蜘蛛

通常说的毛蜘蛛属于捕鸟蛛科，是比较原始的一科，至今已被发现的约有830多种。捕鸟蛛为原疣亚目种类，单眼集中于头胸部上方，与其他原疣亚目最大的不同为其步脚具步端毛束。

毛蜘蛛的体型在蜘蛛目中为中到大型，体型最小的捕鸟蛛足展也有3厘米，体型最大的亚马孙食鸟蛛足展可超过20厘米。

毛蜘蛛主要分为两大类，分别是树栖型及地栖型。

树栖型蜘蛛生活在树上，墙角等垂直的地方。它们很喜欢用丝筑巢，它们的巢穴大多是成圆形的管道，而且成"U"字形，它们会结上很多层很厚的丝，而这张丝床大多在栖息及蜕皮时用。树蜘蛛身手很敏捷，身形修长平坦，而所有树蜘蛛是不会踢毛的，它们防御的方法有三种：射出排泄物；以攻击姿态对着入侵者及不速之客；最后的方法便是快速逃走。因在树上生活的原因，所有树栖型毛蜘蛛的寿命及生长速度比地栖型的毛蜘蛛短，而身体长度也比地栖型毛蜘蛛短。目前常见的树栖型毛蜘蛛有粉红脚亚科及华丽雨林亚科。

地栖型毛蜘蛛通常会再分为两类，一类会挖洞做巢，而另一类是不会做巢的，只会找一些地洞（通常是一些蛇穴，鼠穴或是其他蜘蛛挖好的洞穴，如食鸟蜘蛛便是）。它们也会用丝布置自己的洞穴，用以防止地面的潮湿发霉和蚂蚁等小入侵者，在蜕皮期间它们会用丝封住洞口以保护自己

脆弱的新身体。

因是穴居的关系，它们只会在巢外附近的地方捕食，而母体会终身住在自己的洞穴，雄性因要找雌性交配，所以会弃掉自己的巢穴寻找雌性。

地栖型毛蜘蛛的防御方法也不外乎三种，因它们不会轻易放弃自己的巢，所以它们会踢毛（南美蜘蛛才会）；二是摆出攻击姿态驱赶敌人；三是如不奏效当然只能快速躲回巢中。地栖型毛蜘蛛有很多种，如南美蜘蛛，亚洲地老虎及非洲大陆的巴布，等等。

除了用以上不同的生活方式分辨毛蜘蛛外，不同的产地也是区别毛蜘蛛的方法。生活在美洲大陆的全是新世界品种（New World Species），而生活在美洲以外的则全被称为旧世界品种（Old World Species）。

先说说新世界品种，新世界品种的地栖型毛蜘蛛会踢毛，而树栖型毛蜘蛛则会射出排泄物来作防御。养美洲蜘蛛的人都知道美洲蜘蛛的肚毛很长，原因是它们以后腿踢出肚毛，而那些毛是可以令哺乳动物产生反应，如毛吹进眼睛会使眼睛红肿而短暂失明，进入呼吸道会引起喷嚏及呼吸困难，还会使皮肤有刺痛感。树栖型毛蜘蛛虽不踢毛，但尾部射出的排泄物也可令哺乳动物产生敏感。

除美洲外，所有地区的品种都是旧世界品种。在不同地方的旧世界品种都会有代表性的称号。

亚洲地老虎毛蜘蛛，它们的身上（尾部）带有老虎间纹，而且老虎是亚洲有代表性的动物，所以国外的人又称亚洲毛蜘蛛为地老虎。

非洲巴布的由来也是因为巴布（狒狒）。所有的非洲毛蜘蛛都非常凶猛，有如狒狒般（狒狒也是很凶恶的动物），所以当地土人称毛蜘蛛为狒狒蜘蛛（巴布）。巴布的品种很广多，众所周知的品种有：帝王巴布Citharischiuscrawshayi，角巴布Ceratogyrusspecies，非洲红、黑、啡巴布Hysterocratesspecks及橙巴布Pterinochilusspecies。

长有剧毒刺棘的鱼——狮子鱼

狮子鱼是鲉形目，圆鳍鱼科，狮子鱼亚科鱼类的通称，约有13属150种，中国有1属4种。狮子鱼体长可达450毫米，体延长，前部亚圆筒形，后部渐侧扁狭小。头宽大平扁，吻宽钝，眼小，上侧位。口端位，上颌稍突出，鳃孔中大。体无鳞，皮松软，光滑或具颗粒状小棘。背鳍延长，连续或具一缺刻，鳍棘细弱，与鳍条相似；臀鳍延长；尾鳍平截或圆形，常与背鳍和臀鳍相连；胸鳍基宽大，向前伸达喉部；腹鳍胸位，愈合为一吸盘。主要分布于北太平洋、北大西洋及北极海，少数见于南极海。狮子鱼主食甲壳动物，也吃小鱼。中国数量较多的为细纹狮子鱼。狮子鱼是近年来很流行的海洋观赏鱼类，它的胸鳍和背鳍长着长长的鳍条和刺棘，形状酷似古人穿的蓑衣，故又被人称为蓑鲉。这些鳍条和刺棘看起来就像是京剧演员背后插着的护旗，一副威风凛凛的样子，在阳光下看起来非常亮丽而多彩。它们时常拖着宽大的胸鳍和长长的背鳍在海中悠闲地游弋，悠游自在，完全不惧怕水中的威胁，就像一只自由飞舞在珊瑚丛中的花蝴蝶。

狮子鱼因为外貌酷似火鸡，也被叫作"火鸡鱼"。所以，当有人提到火鸡鱼时，不要疑惑，他就是在说狮子鱼。狮子鱼胸鳍的鳍条一般是愈合不分离的，而也有一些种类的狮子鱼鳍条却一根根地分开，如烟火一样绽放，这种狮子鱼又被称为"火焰鱼"。狮子鱼与它的同类石狗公一样都具有剧毒的刺棘，但是与石狗公采用拟态伪装的生活方式完全不同，狮子鱼体色鲜艳，花枝招展，在海中时刻展示着它一身艳丽的舞裙，毫无顾忌。

狮子鱼在海中可以如此悠然自得、目中无人，主要是因为它们背鳍、胸

鳍和臀鳍上长长的鳍条，这些鳍条的基部都有毒腺，鳍条尖端还有毒针。一般情况下，这些鳍条都处于完全展开的状态，就像一个刺猬，让那些想对狮子鱼下手的掠食者们无所适从。

当然，如此防御严密的狮子鱼也不是全然没有弱点，它的腹部就没有刺棘保护，而狮子鱼也深知这一点。所以，当遇到危险或是在休息时，狮子鱼会用腹部的吸盘将自己贴在岩壁上寻求自保。

所有鲉科鱼类背鳍和胸鳍的鳍条上都有毒刺，它们的主要作用就是用来抵御来自同类或捕食者的威胁。可别小看这些毒刺，作为一条狮子鱼，这可是最引以为豪的致命武器。因为狮子鱼是一种浅水鱼类，多栖息于浅水区域，所以在浮潜时会经常见到它，它艳丽的外表很快就能吸引你的眼球，但千万不要被这种色彩所迷惑，更不要轻易去触碰它。在海洋中，狮子鱼可是有名的"毒王"。它们的毒素会引起剧烈的疼痛、肿胀，有时候还会发生抽搐，最严重的情况还可能引起死亡（这种情况极其罕见，一般只可能发生在对毒素过敏的人身上）。

狮子鱼的蜇刺过程简单而有效。当你试图接近它时，它会向后退，这不是畏惧的表现，而是为进攻所做的准备。它的进攻一般在眨眼间就会发生，当毒刺蜇进人体组织时，位于毒刺根部的毒囊早已做好了准备，狮子鱼只要简单的一挤就能释放毒液，毒液通过毒刺造成的伤口注入人体组织内部。这也告诉我们，如果蜇刺得越重越深，毒液造成的伤害就越大。

狮子鱼是个机警的猎人及潜伏的掠食者，它们将自己身体的威力发挥到了极致，拥有强大的杀伤力。其中最显著的一个特点就是它们对胸鳍的运用。

狮子鱼的胸鳍在形状上有很大不同：有的像飞鸟的羽毛，有的像一根根长矛，有的则像柔软的叶片。但无论外观如何，它们每一种都极其艳丽、华美且多变。当它们捕食的时候，会用胸鳍完成很多动作。它先柔和地前后摇动胸鳍，就像西班牙女郎的群舞，让整个身体缓缓向前，整个动作看来就像草原上的一只猎豹正在慢慢靠近一只羚羊。不仅如此，它们摆动的胸鳍也制造出了一个屏障，限制了猎物的活动，让它们不得不慢慢后退，最后被赶到一个狭小的角落里。

当狮子鱼越来越靠近猎物，准备一口把它吞掉的时候，它们的胸鳍就会竖起来，然后开始快速的抖动，这种抖动和响尾蛇尾巴的摆动非常相似。这一举动是在吸引猎物的注意力，也能让狮子鱼的注意力更加集中于它的猎物。当猎物缩在角落，被眼前的一切所迷惑时，狮子鱼便突然收起它所有的鳍，以最快的速度，眨眼间便将猎物一口吞下。

狮子鱼经常会摆动着它巨大的胸鳍从水底扫过，用以寻找一些潜藏在沙石下或石缝中的小鱼。这种捕食之舞在不同种类的狮子鱼身上会显现出些许不同，如短鬃狮子鱼在捕猎时，背鳍和胸鳍都会颤动；而象鼻狮子鱼则用一种独特的节奏前后颤动它们的背鳍，并且在捕猎时只抖动它们放射状胸鳍的尖端。

这种背刺和胸鳍的震动动作在狮子鱼的捕食过程中很常见，这是它们共同的特点，也是它们独特的捕食风格，而且这个动作在某种程度上还提升了狮子鱼的捕食能力。

和人类相伴的两栖动物——黑眶蟾蜍

黑眶蟾蜍是癞蛤蟆的一种，属蟾蜍科。

黑眶蟾蜍在国内分布于宁夏、四川、云南、贵州、浙江、江西、湖南、福建、台湾、广东、广西、海南。国外分布在南亚、中南半岛及东南亚。

黑眶蟾蜍个体较大，雄蟾蜍体长平均63毫米，雌蟾蜍为96毫米。头部吻至上眼睑内缘有黑色骨质脊棱。皮肤粗糙，除头顶部无疣，其他部位布满大小不等的疣粒。耳后腺较大，呈椭圆形。腹面密布小疣柱。所有疣上有黑棕色角刺。体色一般为黄棕色，有不规则的棕红色花斑。腹面胸腹部的乳黄色上有深灰色花斑。

黑眶蟾蜍栖息于森林、耕作地或都市里的庭院等各种环境，不过在水田、沼泽地及森林深处等区域则较为少见。2～4月为黑眶蟾蜍的繁殖期，卵呈细绳状。

黑眶蟾蜍白天多隐蔽在土洞或墙缝中，晚上爬向河滩及水塘边。黑眶蟾蜍产卵随地区不同而异。在爪哇终年产卵；在广州2～3月产卵；在云南西双版纳4～5月产卵；在海南岛11～12月产卵于深水坑内。卵带内有卵2行，受精后3日孵出。

黑眶蟾蜍皮肤腺和耳后腺上的分泌物有毒，但能制成蟾酥，作药用。它还能消灭田间害虫及防治蚁害，对人和庄稼有益。

世界上最大的蜘蛛——猎人蛛

　　澳大利亚境内有一种世界上最大的蜘蛛——猎人蛛。这种蜘蛛大的约有半斤多重，长有8条腿，相貌丑陋，但却是捕捉蚊虫的好手，凡敢于来犯的蚊子无一生还，具有猎人般的本领。同时，猎人蛛含有大量蛋白质，是土著人的上乘佳肴。

主动攻击的猎食者——帝王蝎

帝王蝎，别名真帝王蝎，非洲帝王蝎，属蛛形纲蝎子科，栖息于非洲中部及南部，即刚果民主共和国、塞内加尔、苏丹、坦桑尼亚、利比里亚、几内亚、加蓬等地。亚洲雨林蝎外表与非洲帝王蝎极为相似，但帝王蝎体型较大且粗而圆，螯呈半圆，表面十分粗糙且凹凸不平，尾端的毒针则呈现红色。而亚洲雨林蝎体型消瘦，螯较狭长光滑，尾端毒针则呈现黑色或灰色。

以下就以帝王蝎的背部、眼睛、吻部、步足、毒针、侧面、螯、气孔、栉状器、毛簇等身体构造来做介绍。

帝王蝎的背部由一片片的壳组成，眼睛生长于上方利于观察，平坦的背部有利躲藏于细缝中观察四方的动静。刚产下的幼蝎会爬到母蝎背部。

进食时，蝎子吻部的两螯肢将猎物撕裂吸取其肉汁。蝎子有4对步足，足部前端有爪子利于攀爬。蝎子的毒针用来使猎物瘫痪，通常螯小的蝎子毒性会较强。蝎子的侧面是蝎子身体唯一没有壳保护的部位。蝎子的螯用来捕捉猎物及御敌，形状大小会因品种不同而有差异。蝎子特有栉状器长在蝎子腹部，公蝎会用其寻找适合的物体放置精荚。蝎子的毛簇是蝎子用来感应周遭环境的器官，其排列方式、数量及位置有助于辨识蝎子种类。蝎子的气孔是蝎子的呼吸器官。

蝎子身长量法：大部分选测吻至肛的长度。

帝王蝎的繁殖期约在每年的三四月，雄蝎会先将类似直立小树枝的精荚置放在岩石表面，夹住雌蝎的螯，经由一阵推拉，再让雌蝎把精荚插入殖泄腔，以达成交配的目的。经过6~9个月的怀孕期，时间长短会依蝎子种类不同而异，母蝎以卵胎生方式直接将幼蝎产下，幼蝎会待在母蝎的背上1~2周，而幼蝎则需2~3年才能达到性成熟。刚产下的幼蝎全会爬到母蝎背上。

因帝王蝎代谢慢，使其成长速度较为缓慢。蝎子为不完全变态动物，其成长必须靠脱壳，蝎子每次脱壳后，体型都会长大很多，帝王蝎成体可长至30厘米以上，一般20厘米上下。帝王蝎属雨林品种，一般雨林品种的蝎子的成长都较沙漠品种慢。

以其脱壳时间来说，幼蝎每次脱壳的相隔时间较短，相比之下成蝎会随着体型的成长，脱壳周期会越长，脱壳后新壳变坚硬，恢复进食所经时间也较长，而不管是成蝎或幼蝎，每次脱壳后体型都会明显增大许多。

蝎子的脱壳过程：

1. 从吻部开始脱壳；

2. 接着抽出螯与尾巴；

3. 抽出尾巴的过程中，蝎子呈躺着的状态；

4. 一段时间后，蝎子就完成脱壳动作，此刻千万不能动它，以免造成伤害，此刻的蝎子身体相当脆弱，禁止触碰。

帝王蝎为喜高温高湿度的品种，黄昏之后才开始有活动。帝王蝎采取主动攻击的方式猎食，它会悄悄地靠近猎物，待进入攻击范围后再用其强壮巨大的双螯牢牢抓住猎物，由于具备强而有力的巨螯，帝王蝎不太需要用到毒液，因此其毒性并不强，与蜜蜂接近。其食物为蟋蟀或其他小型昆虫，但帝王蝎体型颇大，所以它还会捕食小型哺乳动物如老鼠等等。当抓住猎物后，它并不直接吃猎物的肉，而是吐出大量的消化酶，把猎物化成肉汤再吸食。而当食物不足时，蝎子会有残杀同类的行为。

行动敏捷的剧毒杀手——泰攀蛇

泰攀蛇分布于澳洲北部、新几内亚，成年体长约2米，栖息于树林、林地，以小哺乳动物为食，卵生，每次产下3～22枚卵。

泰攀蛇是行动快速的哺乳动物杀手，日夜均会活动，毒性强烈，每咬一口释出的毒液已足够杀死100人，此蛇也是新几内亚南部蛇吻致死的主要元凶。

喜好香艳的性情凶猛者——虎头蜂

　　虎头蜂在昆虫中应属胡蜂科，因为它的头大得像老虎，性情也凶猛得像老虎，身体长有虎斑纹，所以人们就叫它"虎头蜂"；又因为虎头蜂窝巢形状很大，像鸡笼一样，所以又叫"鸡笼蜂"。

　　虎头蜂栖息处不在高山，而是在平地至大约1500米以下的山区，有的筑巢在树枝上，有的筑巢在地窟内，小的巢中有数千只虎头蜂，大的巢中多达数万只蜂。虎头蜂在每年的四五月间开始产卵，六七月间形成成蜂，10月以后外出觅食，遇到食物缺乏时，同类中也会发生以大欺小、以强凌弱的现象，冬季遇到寒流过境以后，虎头蜂就都不见了。虎头蜂的巢大多筑在树上或土中，它们将树皮咬碎混合唾液筑巢。为了准备冬眠所需要的食物，虎头

蜂常在秋天大举出动，因而容易误伤人类。虎头蜂本身不会主动攻击人，所以避免虎头蜂叮咬攻击，要注意下列原则：

第一个原则，不要主动攻击虎头蜂，这样就不会遭到它的攻击。

第二个原则，郊游不要穿颜色鲜艳的衣服。虎头蜂喜欢那些颜色鲜明且具有芳香味的花卉植物，所以夏末秋初我们到山上去玩不要穿颜色鲜艳的衣服，否则常常会吸引虎头蜂到我们身体周围，这样很容易遭到它的攻击，所以上山尽量穿颜色灰暗的衣服。

第三个原则，不可以擦香水。使用含有芳香味的洗发精或除汗剂后，别上山，也不要擦有防体臭的香水，这样就可避免遭虎头蜂的攻击。

第四个原则，尽量穿长袖长裤上山，可以保护身体，尽量不要穿短裙短裤，应该戴帽子，以避免虎头蜂攻击。帽子有时候也可以避免洗发精的芳香味道吸引虎头蜂，所以上山前要特别注意。

虎头蜂的毒性可以分为两种：

一种是蜂毒，受虎头蜂200次以上的叮咬，才会使一个人有生命危险。针对虎头蜂的叮咬，最好的治疗方法就是用冰敷，解决大部分的疼痛。另外，虎头蜂的刺不可即刻直接往后拉，如此会使毒液更进一步的注入身体，引起更大的伤害。

另外一种是虎头蜂蛋白质，它会引起身体的过敏反应而造成血压下降休克而及生命。一般而言，过敏体质的人比较容易过敏而休克，所以国外某些医师甚至建议，过敏体质的人上山前，随身携带肾上腺皮质和抗过敏抗消炎的药物或类固醇，一旦被叮可以马上注射以救命。因此，大家能注意到这几点，就可以避免遭虎头蜂的攻击，使伤害降到最低。

擅长群体出击的益虫——马蜂

马蜂学名胡蜂，俗称马蜂、黄蜂，体表多数光滑，具各色花斑。上颚发达。咀嚼式口器。触角具有12或13节。大大的复眼。翅狭长，静止时纵褶在一起。腹部不收缩呈腹柄状。马蜂有简单的社会组织，有蜂后、雄蜂和工蜂，常常营造一个纸质的吊钟形的或者层状的蜂巢，在上面集体生活。马蜂的成虫主要捕食鳞翅目的小虫，因此，也是这一类昆虫的重要天敌。

马蜂毒性很大，其蜇针的毒液含有磷脂酶、透明质酸酶和一种被称为抗原5的蛋白，被马蜂蜇伤后应及时处理。

处理原则如下：

1. 马蜂毒呈弱碱性，可用食醋或1%的醋酸或无极膏擦洗伤处。

2. 伤口残留的毒刺可用针或镊子挑出，但不要挤压，以免剩余的毒素进入体内，然后拔火罐吸出毒汁，以减少毒素的吸收。

3. 用冰块敷在蜇咬处，可以减轻疼痛和肿胀。如果疼痛剧烈可以服用一些止痛药物。

4. 如果有蔓延的趋势，可能有过敏反应，可以服用一些抗过敏药物，如苯海拉明、扑尔敏等抗过敏药物。

5. 密切观察半小时左右，如果发现有呼吸困难、呼吸声音变粗、带有喘息声音，哪怕一点也要立即送最近的医院去急救。

马蜂作为一种益虫，以虫子为食，它一般只有在受到攻击的时候才蜇人，目前还没有一个好的防治马蜂的方法，平常采取的办法只有火烧、喷洒

药剂灭杀。万一碰到马蜂，最好马上蹲下来，用衣服把头包好，这样可以临时预防。

专家提醒：不小心惹得马蜂"发火"时，可以趴下不动，千万不要狂跑，以免马蜂群起追击。被马蜂蜇后伤口会立刻红肿，且感到火辣辣地疼。此时，应马上涂抹一些碱水，使酸碱中和，减弱毒性，亦可起到止痛的作用。如果当时有洋葱，洗净后切片在伤口上涂抹，此外还可用母乳、风油精、清凉油等去除蜂毒，但切记不可用红药水或碘酒搽抹，那样不但不能治疗，反而会加重肿胀。若遭遇蜂群攻击时应立即就医，不可掉以轻心。

第四章 有毒植物

奇趣生物

可增加欢乐气氛的植物——品红

一品红，又名圣诞花，原产于墨西哥塔斯科（Taxco）地区，在被引入欧洲之前很久，就被当地的阿芝特克人（Aztecs，美洲印第安人一支）用作颜料和药物。1825年，由美国驻墨西哥首任大使约尔·波因塞特（Joel Roberts Poinsett）引入美国。

一品红是常绿灌木，高50～300厘米，茎叶含白色乳汁。茎光滑，嫩枝绿色，老枝深褐色。单叶互生，卵状椭圆形，全缘或波状浅裂，有时呈提琴形，顶部叶片较窄，披针形；叶被有毛，叶质较薄，脉纹明显；顶端靠近花序之叶片呈苞片状，开花时株红色，为主要观赏部位。杯状花序聚伞状排列，顶生；总苞淡绿色，边缘有齿及1～2枚大而黄色的腺体；雄花具柄，无花被；雌花单生，位于总苞中央；自然花期12月至翌年2月。有白色及粉色栽培品种。一品红喜温暖、湿润及阳光充足的环境，不耐低温，为典型的短日照植物，强光直射及光照不足均不利其生长。忌积水，保持盆土湿润即可。短日照处理可提前开花。一品红对土壤要求不严，但以微酸型的肥沃、湿润、排水良好的沙壤土最好。由于一品红的耐寒性较弱，所以，华东、华北地区温室栽培，必须在霜冻之前移入温室，否则温度低，容易黄叶、落叶等。冬季室温不能低于5℃，以16～18℃为宜。对水分要求严格，土壤过湿，容易引起根部腐烂、落叶等，一品红极易落叶，温度过高，土壤过干过湿或光照太强太弱都会引起落叶。

一品红的生长适温为18～25℃，4～9月为18～24℃，9月至翌年4月为

13～16℃。冬季温度不低于10℃，否则会引起苞片泛蓝，基部叶片易变黄脱落，形成"脱脚"现象。当春季气温回升时，从茎干上能继续萌芽抽出枝条。

一品红对水分的反应比较敏感，生长期只要水分供应充足，茎叶生长迅速，有时出现节间伸长、叶片狭窄的陡长现象。相反，盆土水分缺乏或者时干时湿，会引起叶黄脱落。因此，水分的控制直接关系到一品红的生长和发育。

一品红为短日照植物，在茎叶生长期需要充足的阳光，促使茎叶生长迅速繁茂。要使苞片提前变红，需要将每天光照控制在12小时以内，促使花芽分化。如每天光照9小时，5周后苞片即可转红。

土壤以疏松肥沃，排水好的砂质壤土为好。盆栽土以培养土、腐叶土和沙的混合土为佳。

一品红的全株有毒，其白色乳汁会刺激皮肤红肿，引起过敏性反应，误食茎、叶有中毒死亡的危险。

珍贵观赏树种——苏铁

苏铁，俗称铁树是常绿乔木，高可达20米。茎干呈圆柱状，不分枝，仅在生长点破坏后，才能在伤口下萌发出丛生的枝芽，呈多头状。茎部密被宿存的叶基和叶痕，并呈鳞片状。叶从茎顶部生出，羽状复叶，大型。小叶线形，初生时内卷，后向上斜展，微呈"V"字形，边缘显著向下反卷，厚革质，坚硬，有光泽，先端锐尖，叶背密生锈色绒毛，基部小叶成刺状。雌雄异株，6～8月开花，雄球花圆柱形，黄色，密被黄褐色绒毛，直立于茎顶；雌球花扁球形，上部羽状分裂，其下方两侧着生有2～4个裸露的胚球。种子10月成熟，种子大，卵形而稍扁，熟时红褐色或橘红色。

苏铁雌雄异株，花形各异，雄花呈椭圆形，挺立于青绿的羽叶之中，黄褐色；雌花扁圆形，浅黄色，紧贴于茎顶。花期6～8月。种子卵圆形，微扁，熟时红色。其实铁树是裸子植物，只有根、茎、叶和种子，没有花这一生殖器官，所以，铁树的花，是它的种子。种子成熟期为10月份。

该物种为中国植物图谱数据库收录的有毒植物，其种子和茎顶部髓心有毒。其内含有葫芦巴碱和微量砷，不可食用。人中毒后有恶心呕吐、头昏等症状。

苏铁喜光，稍耐半阴，喜温暖，不甚耐寒。上海地区露地栽植时，需在冬季采取稻草包扎等保暖措施。苏铁喜肥沃湿润和微酸性的土壤，但也能耐干旱。它生长缓慢，10余年以上的植株可开花。

苏铁的株形美丽，叶片柔韧，较为耐阴，其既可室内摆放，又可室外观赏。由于其生长速度很慢，因此售价较高。苏铁喜微潮的土壤环境，由于它生长的速度很慢，因此一定要注意浇水量不宜过大，否则不利其根系进行正常的生理活动。从每年3月起至9月止，每周为植株追施一次稀薄液体肥料，能够有效地促进其叶片生长。苏铁喜光照充足的环境，尽量保持环境通风，否则植株易生介壳虫。苏铁喜温暖，忌严寒，其生长适温为20℃～30℃，越冬温度不宜低于5℃。

以假乱真的"害群之马"——毒麦

毒麦，禾本科黑麦属的一年生或越年生草本植物，属于田间常见的杂草，盛产于叙利亚和巴勒斯坦一带。毒麦的茎高50～110厘米。秆疏丛生，直立。叶鞘较松弛，长于节间；叶舌膜质，长约1毫米；叶片无毛或微粗糙。花序穗状；小穗含4～7花，单生而无柄，侧扁；第一颖退化，第二颖与小穗等长或略过之，具5～9脉；外稃具5脉，顶端稍下方有芒，芒长1～2厘米，内稃几与外稃等长。颖果矩圆形，腹面凹陷成一宽沟，并与内稃嵌合。

毒麦经常和麦类作物混在一起。毒麦的外形非常类似小麦，然而其种子中含有能麻痹中枢神经、致人昏迷的毒麦碱，人、畜食后都能中毒，尤其未成熟的毒麦或在多雨季节收获时混入收获物中的毒麦毒性最强。因此，毒

麦不仅会直接造成麦类减产，而且威胁人、畜安全。

毒麦原生欧洲。我国原无毒麦，由于进口粮食及引种混有毒麦的农作物而传入。毒麦在我国现在已扩散到河北、东北及南方部分地区。目前，全世界约有10种不同的毒麦品种，我国已发现4种，这4种均由国外传入。

该物种为中国植物图谱数据库收录的有毒植物，其毒性为种子有毒，尤以未熟或多雨潮湿季节收获的毒力最强。小麦中若混有毒麦，人、畜食用含4%以上毒麦的面粉即可引起急性中毒，其症状表现为眩晕、恶心、呕吐、腹痛、腹泻、疲乏无力、发热、眼球肿胀，重者嗜睡、昏迷、发抖、痉挛等症状，会因中枢神经系统麻痹而死亡。

夏秋常见的小型菌类——小毒红菇

小毒红菇实体小，菌盖深粉红色，老后褪色，黏，表皮易脱落，边缘具粗条棱。菌盖直径5~6厘米，扁半球形，平展后中部下凹，边缘薄。菌肉白色，味苦。菌褶白色至淡黄色，稍密，弯生，长短不一，少数分叉。菌柄圆柱形，长2~5厘米，粗0.6~1.5厘米，白色，内部松软。孢子印白色。孢子球形至近球形，有小刺。褶侧囊体近梭形，顶端小头状。

小毒红菇是一种夏秋季节在林中分散生长的小型菌类，其分布范围较广，我国河北、河南、黑龙江、吉林、辽宁、江苏、安徽、浙江、福建、湖南、广东、广西、西藏、台湾、云南等地均有分布。

小毒红菇外表虽与红菇相近，但不能食用，因其含胃肠道刺激物，食后会引起中毒。如恶心、呕吐、腹痛、腹泻，一般需及时催吐治疗，严重者面部肌肉抽搐或心脏衰弱或血液循环衰竭而死亡。此菌是树木的外生菌根菌。

致命的头号蘑菇杀手——白毒伞

白毒伞，又名白鹅膏、白帽菌、白罗伞，是一种在我国常引起中毒的蘑菇，其菌体呈白色，幼时呈椭圆形或钟形，老后平展，表面光滑。菌柄光滑，基部膨大。菌环生在柄的上部，菌托肥厚成苞状。这类毒蘑菇喜欢在某种树荫下群生，一般与树的根部相连，在新鲜的毒蘑菇中其毒素含量甚高，其毒素主要为毒伞肽和毒肽类。这类毒素对人体肝、肾、血管内壁细胞及中枢神经系统的损害极为严重，可使人体内各器官功能衰竭而死亡。死亡率高达90%以上。近年，河南、云南的两起大规模蘑菇中毒均为白毒伞引起。

沟池旁的剧毒植物——毒芹

毒芹，又名野芹菜、白头翁、毒人参，芹叶钩吻，斑毒芹，为伞形科毒毒芹属的多年生草本植物，形态似芹菜，株高70~100厘米。根茎粗短，笋形或球形，节间相接，内部有横隔，不定根多数，肉质，黄色；茎粗，中空。叶为2~3或4回羽状复叶，羽片边缘有锯齿；基生叶及茎下部的叶有长柄，基部扩展成鞘状。复伞形花序，花白色。双悬果卵球形，有黄色粗棱。花期7~8月，果期8~9月。

毒芹分布在北温带地区，中国毒芹分布在东北、西北、华北地区的沼泽地水边或沟边。毒芹的叶像芹菜叶，夏天开折花，全棵有恶臭。它全棵有毒，花的毒性最大，人吃后会出现恶心、呕吐、手脚发冷、四肢麻痹等症状，严重的可造成死亡。毒芹主要有毒成分为毒芹碱、甲基毒芹碱和毒芹毒素。毒芹碱的

作用类似箭毒，能麻痹运动神经，抑制延髓中枢。人误食毒芹30～60毫克，致食120～150毫克便可致死。加热与干燥可降低毒芹毒性。毒芹毒素主要让中枢神经系统兴奋。

若人误食了毒芹，30～60分钟后口咽部会有烧灼感，同时伴随有流涎、恶心、呕吐、腹痛、腹泻、四肢无力、站立不稳、吞咽及说话困难、瞳孔散大、呼吸困难等症状，严重者可因呼吸麻痹死亡。呕吐物有特殊臭味。

因此，当人误食毒芹后，应立即用手或药物催吐，催吐后口服活性炭50克，多饮水。进食量较大或虽进食量小但出现中毒症状者应尽快到医院就诊。

为了预防误食毒芹，人们在生活中不要采摘、食用不明成分的野生植物。毒芹分布地区的人们要学会鉴别食用芹菜和毒芹。

毒芹的活性成分是一种被叫作毒芹碱的生物碱，据说这个化合物是使古希腊哲学家苏格拉底致死的原因。

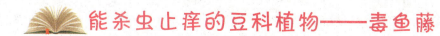

能杀虫止痒的豆科植物——毒鱼藤

毒鱼藤，别名白药根、雷公藤蹄，为豆科植物毛蕊鸡血藤攀缘灌本，生长于山坡或溪边灌丛中或疏林中。分布于广东、广西、云南等地。

毒鱼藤的茎有纵纹和皮孔，嫩枝被柔毛。单数羽状复叶，互生；小叶9～11片，倒卵形、卵形或长椭圆形，长5～16厘米，宽3～6.5厘米，先端钝圆或微凹，基部楔形或钝圆，上面无毛，下面被黄色或褐色柔毛。

总状花序腋生，有时为顶生的圆锥花序，长10～25厘米，被黄褐色柔

毛；花长1.5厘米，花梗和萼片被黄褐色柔毛；花冠粉红色，旗瓣背面被金黄色茸毛，基部无胼胝状附属物，翼瓣基部两侧有短耳，与龙骨瓣背面各被长硬毛一束；雄蕊一束；雌蕊密被柔毛。荚果长椭圆形，长5～9厘米，近无毛。花期5～7月。果期9～11月。

毒鱼藤的叶、根、茎及果实有毒。毒鱼藤的毒性主要对鱼类危害较大。人食用后会出现阵发性腹痛、恶心、呕吐、阵发性痉挛、肌肉颤动、呼吸减慢等症状，最终因呼吸中枢麻痹而死。毒鱼藤的毒性还可通过皮肤渗入身体。如用鲜藤捣烂外敷于婴儿胸部湿疹处，3小时后婴儿将出现面色苍白，呼吸急促、烦躁不安，继而四肢冰冷、昏迷、缩瞳、唇绀、心律不齐、脉微弱等，皮肤接触部位有片状丘疹、发红，并有渗出物。

恶名远扬的毒品植物——罂粟

罂粟是1年生或2年生草木，株高60～100厘米。茎平滑，被有白粉。叶互生，灰绿色，无柄，抱茎，长椭圆形。花芽常下垂，单生，开时直立，花大而美丽，萼片2枚，绿色，早落；花瓣4枚，白色、粉红色或紫色。果长椭圆形或壶状，约半个拳头大小，黄褐色或淡褐色，平滑，具纵纹。种子多数，很小，肾形，花期4～5月，果期6～8月。

罂粟原产于地中海东部山区、小亚细亚、埃及、伊朗、土耳其等地，公元7世纪时由波斯地区传入中国。

如今，印度与土耳其为罂粟的两大主要产地；亚洲方面，以中国、泰国、缅甸边境的金三角为主要非法种植地区。

罂粟的果壳（即罂粟壳）性微寒，味酸涩，有毒，含低量吗啡等生物碱。罂粟是提取毒品海洛因的主要毒品源植物，长期食用海洛因容易成瘾，慢性中毒，严重危害身体，成为民间常说的"鸦片鬼"，严重的还会因呼吸困难而送命。它和大麻、古柯并称为三大毒品植物。所以，我国对罂粟种植严加控制，除药用科研外，一律禁植。

宜赏宜药的草本植物——虞美人

虞美人属罂粟科罂粟属一二年生草本植物，别名丽春花、赛牡丹、小种罂粟花、蝴蝶满园春，原产欧、亚温带大陆，世界各地多有栽培，比利时更是将其作为国花。如今，虞美人在我国广泛栽培，以江、浙一带最多。它是春季美化花坛、花境，以及庭院的精细草花，也可盆栽或做切花。

虞美人株高40～60厘米，分枝细弱，被短硬毛。全株被开展的粗毛，有乳汁。叶片呈羽状深裂或全裂，裂片披针形，边缘有不规则的锯齿。花单生，有长梗，未开放时下垂，花萼2片，椭圆形，外被粗毛。花冠4瓣，近圆形，具暗斑。雄蕊多数，离生。子房倒卵形，花柱极短，柱头常具10或16个辐射状分枝。花径5～6厘米，花色丰富。蒴果杯形，成熟时顶孔开裂，种子肾形，多数，千粒重0.33克，寿命3～5年。

虞美人耐寒，怕暑热，喜阳光充足的环境，喜排水良好、肥沃的沙壤土，不耐移栽，能自播，花期5～8月。

虞美人有复色、间色、重瓣和复瓣等品种。同属相近种有冰岛罂粟和近

东罂粟。冰岛罂粟为多年生草本，丛生，叶基生，羽裂或半裂，花单生于无叶的花葶上，深黄或白色，原产极地。近东罂粟属多年生草本，高60~90厘米，全身被白毛，叶羽状深裂，花猩红色，基部有紫黑色斑，原产伊朗至地中海。

虞美人花未开时，蛋圆形的花蕾上包着两片绿色白边的萼片，垂独生于细长直立的花梗上，极像低头沉思的少女。待到虞美人花蕾绽放，萼片脱落时，虞美人便脱颖而出了。它弯着的身子直立起来，向上的花朵上4片薄薄的花瓣质薄如绫，光洁似绸，轻盈花冠似朵朵红云片片彩绸，虽无风亦似自摇，风动时更是飘然欲飞，原来弯曲柔弱的花枝，此时竟也挺直了身子撑起了花朵。实难想象，原来如此柔弱朴素的虞美人草竟能开出如此浓艳华丽的花朵。

虞美人花姿美好，色彩鲜艳，是优良的花坛、花境材料，也可盆栽或做切花用。用做切花者，须在半开时剪下，立即浸入温水中，防止乳汁外流过多，否则花枝很快萎缩，花朵也不能全开。虞美人全株可入药，但是要注意虞美人全株有毒，内含有毒生物碱，种子尤甚。误食后会引起中枢神经中毒，严重可致生命危险。

种子有毒但可入药的树——巴豆树

巴豆树为常绿乔木，高6~10米。幼枝绿色，被稀疏星状柔毛或几无毛；2年生枝灰绿色，有不明显的黄色细纵裂纹。叶互生；叶柄长2~6厘米；叶片卵形或长圆状卵形，长5~13厘米，宽2.5~6厘米，先端渐尖，基部圆形或阔楔形，近叶柄处有2腺体，叶缘有疏浅锯齿，两面均有稀疏星状毛，主脉3

出；托叶早落。花单性，雌雄同株；总状花序顶生，上部着生雄花，下部着生雌花，亦有全为雄花者；花梗细而短，有星状毛；雄花绿色，较小，花萼5裂，疏生细微的星状毛，萼片卵形，花瓣5片，反卷，内面密生细的绵状毛，雄蕊，着生于花盘边缘上，花盘盘状；雌花花萼5裂，无花瓣，子房圆形，3室，密被短粗的星状毛，花柱3枚，细长，每枚再2深裂。蒴果长圆形至倒卵形，有3钝角。种子长卵形，3枚，淡黄褐色。花期3～5月。果期6～7月。夏季开花，种子有毒。

巴豆树多为栽培植物；野生于山谷、溪边、旷野，有时亦见于密林中。分布于四川、湖南、湖北、云南、贵州、广西、广东、福建、台湾、浙江、江苏等地。

剧毒且能入药的被子植物——苍耳子

苍耳子，别名野茄子、刺儿棵、疔疮草、粘粘葵，1年生草本，高30～90厘米。茎粗糙，有短毛。叶互生，三角状卵形，长6～10厘米，宽5～10厘米，先端锐尖，基部心形。边缘有缺刻或3～5浅裂，有不规则粗锯齿，两面有粗毛；叶柄长3～11厘米。头状花序顶生或腋生，雌雄同株，雄花序在上，球形，花冠筒状，5齿裂；雌花序在下，卵圆形，外面有钩刺和短毛。花期7～10月，果期8月至次年1月。生于荒地、山坡等干燥向阳处。分布于我国各地。

苍耳子的种子纺锤形或椭圆形，长1～1.5厘米，直径0.4～0.7厘米，表面黄棕色或黄绿色，有钩刺。顶端有2枚粗刺，基部有梗痕。质硬而韧，2室，各有1枚瘦果，呈纺锤形，一面较平坦，顶端具一突起的花柱基，果皮薄，灰黑色，具纵纹。种皮膜质，浅灰色，子叶2枚，有油性。气微，味微苦。

苍耳子的种子含苍耳甙，叶含苍耳醇、异苍耳醇、苍耳酯等，性温，味辛、苦，有散风湿，通鼻窍的功效。它常用于治疗风寒头痛、鼻渊流涕、风疹瘙痒、湿痹拘挛等病症。

苍耳子幼苗有剧毒，切勿采食。苍耳的茎叶中皆含有对神经及肌肉有毒的物质。人因苍耳子中毒后会产生全身无力、头晕、恶心、呕吐、腹痛、便闭、呼吸困难、烦躁不安、手脚发凉、脉搏慢等症状，严重者出现黄疸、鼻衄，甚至昏迷，体温下降，血压忽高忽低，或者有广泛性出血，最后因呼吸、循环衰竭而死亡。如果因苍耳子而中毒，轻度中毒者应暂停饮食数小时至1天，并在此期间大量喝糖水。严重者早期可洗胃，导泻及用2%生理盐水高位灌肠，同时注射25%葡萄糖液，加维生素C500毫升；预防出血，可注射维生素K及芦丁，必要时考虑输血浆；保护肝脏，可服枸橼酸胆碱，肌肉注射甲硫氨基酸；低脂饮食。民间也有用甘草绿豆汤解毒的，可配合使用。

名贵的香料植物——铃兰

铃兰又叫草玉玲、香水花、糜子菜、扫帚糜子、芦藜花等，是铃兰属中唯一的种。

铃兰原种分布遍及亚洲、欧洲及北美，特别是较高纬度，在我国东北林区和陕西秦岭地区都有，多野生于深山幽谷及林缘草丛中。铃兰是一种名贵的香料植物，它的花可以提取高级芳香精油。

铃兰的花为小型钟状花，生于花茎顶端呈总状花序偏向一侧。花朵乳白色悬垂若铃串，一茎着花6～10朵，莹洁高贵，精雅绝伦，香韵浓郁，盈盈浮动，幽沁肺腑，令人陶醉。

铃兰在我国分布于黑龙江、吉林、辽宁、内蒙古、河北、山西、山东、河南、陕西、甘肃、宁夏、浙江和湖南等地。另外，在朝鲜、日本至欧洲、北美洲等地，铃兰也很常见。

铃兰有多分枝匍匐于地的根状茎。春天，从根茎先端的顶芽长出2～3枚窄卵形或广披针形具弧状脉的叶片，基部有数枚鞘状膜质鳞片叶互抱，花茎从鞘状叶内抽出。

入秋结圆球形深宝石红色浆果，内有种子4~6粒，有毒。铃兰是一种优良的盆栽观赏植物，通常用于花坛和做小切花，亦可作地被植物，其叶常被利用做插花材料。铃兰的花期一般都在初夏4~5月份，果期于6月份。

除了常见的开白花的铃兰外，变种有大花铃兰及红花铃兰。特别是大花铃兰，在4月间会从一对深绿色长椭圆形叶子上伸出弯曲优雅的花梗，绽开清香纯白的花朵。除单瓣，更有重瓣铃兰品种。有的园艺杂种呈现斑叶，称为斑叶铃兰。

铃兰全草有毒，目前在铃兰中已发现大概38种不同的强心甙类毒。铃兰全草含有强心甙类有毒物质铃兰毒甙、铃兰甙和铃兰若甙和铃兰糖甙等，其中，花、根毒性比较强。部分人服用其干品或制剂，造成恶心、呕吐、流涎、腹泻等症状，亦可能出现头晕、头痛、心律不齐、心衰竭等病症。

可入药的蜇人草——荨麻

荨麻，多年生草本，茎高60~100厘米，有的可达150厘米，生蜇毛（长约3~5毫米）和反曲的微柔毛。

荨麻常生于山地、林中或路边，其广泛分布于亚欧大陆，在我国，主要分布在云南中部、贵州、四川东南部、湖北和浙江等地。

荨麻的叶对生；叶片宽卵形或近五角形，长及宽均5~12厘米，先端渐尖，基部圆形或浅心形，近掌状浅裂，裂片三角形，有不规则牙齿，下面生微柔毛，沿脉生蜇毛；叶柄长1~7厘米；托叶合生，卵形。

荨麻雌雄同株或异株；雄花序长约达10厘米，生稀疏分枝，在雌雄同株时生雌花序之下；雄花直径约2.5毫米，具4花被片；雌花序较短，分枝极短；雌花小，长约0.4毫米，柱头画笔头状。

荨麻茎叶上的蜇毛有毒性（过敏反应），人及猪、羊、牛、马、禽、鼠等动物一旦碰上就如蜂蜇般疼痛难忍，人若被其蜇毛所蜇就会立刻引起刺激性皮炎，如瘙痒、严重烧伤、红肿等。正因为如此，荨麻特别适合做庭院、机关、企业、学校及果园、鱼塘的防盗设施。

荨麻生命旺盛，生长迅速，对土壤要求不严，喜温喜湿。

可治风寒湿痹的南方植物——伞花马钱

伞花马钱，别名牛目椒、牛目周，为双子叶植物药马钱科植物，分布于我国广东、海南岛等地。

伞花马钱的种子含总生物碱0.17%，其中主要含番木鳖碱、马钱子碱及达波灵碱等。叶含总生物碱0.09%～1.09%，有毒。

适宜绿化和入药的树——皂荚

皂荚，又名皂荚树、皂角等，属蔷薇目，豆科落叶乔木或小乔木，高达15～30米，树干皮呈灰黑色，浅纵裂。干及枝条常具刺，刺圆锥状多分枝，粗而硬直；小枝灰绿色，皮孔显著；冬芽常叠生；叶为一回偶数羽状复叶，有互生小叶3～7对，小叶长卵形，先端钝圆，基部圆形，稍偏斜，薄革质，缘有细齿，背面中脉两侧及叶柄被白色短柔毛；杂性花，腋生，总状花序，花梗密被绒毛，花萼钟状被茸毛，花黄白色，萼瓣均4数。荚果平直肥厚，长达10～20厘米，不扭曲，熟时黑色，被霜粉；花期5～6月份，果熟9～10月份。

皂荚原产中国长江流域，分布极广，自中国北部至南部及西南均有分布。它多生于平原、山谷及丘陵地区，但在温暖地区可分布在海拔1600米处。

皂荚性喜光而稍耐荫，喜温暖湿润气候及深厚肥沃适当湿润土壤，但对土壤要求不严，在石灰质及盐碱甚至黏土或砂土中均能正常生长。皂荚的生长速度慢但寿命很长，可达六七百年。皂荚属于深根性树种，需要6～8年才能开花结果，但是其结果期可长达数百年。

由于皂荚冠大荫浓，寿命较长，所以非常适宜作庭荫树及四旁绿化树种。另外，皂荚的果实富含胰皂质，故可以煎汁代替肥皂使用；种子榨油可作润滑剂及制肥皂，药用有治癣及通便之功效；皂刺及荚果均可药用；叶、荚煮水还可杀红蜘蛛。皂荚木材坚硬，耐腐耐磨，但易开裂，而且新砍伐的木材有很浓郁的气味，因此只可以做家具，建筑中的柱与桩，器物上的把与柄等。

与皂荚同属的常见品种还有：

1. 山皂荚：其主要特征为小枝灰绿色，无毛，分枝状刺，但微压扁，黑棕色。一回羽状复叶，有小叶6～22枚，缘具细圆锯齿。雌雄异株，荚果条形，纸质、棕黑色、扭曲，长达20～30厘米。

2. 日本皂荚：近似山皂荚，与山皂荚的主要区别为本种小枝绿褐色至赤褐色。小叶较山皂荚明显大而厚，新枝上叶多呈二回羽状复叶，荚果长而扁圆平、扭曲且有泡状隆起。

3. 猪牙皂：本种近似皂荚，干皮深灰黑色，纵裂较深，刺单一或分枝，呈圆锥状，赤褐色，常见在老枝分叉处密集生长，小枝灰色，皮孔显著，一回偶数羽状复叶，有小叶6～16枚，缘具不规则细锯齿，小叶柄深褐色密被茸毛。荚果两型：小果镰刀状，肥厚无种子；大果扁平、直或略弯，有种子数粒。大、小果均具长喙。果熟后红棕色被霜粉。此乃山东邹县特产树种，荚果可入药。

4. 野皂荚：多为灌木，树皮灰色。多二分枝刺，细而短。当年生枝密被灰黄色短柔毛，一或二回羽状复叶，叶片较小，长仅0.8～1.2厘米，腋生或顶生穗状花序，花白色，荚果具长柄，长椭圆形，扁而薄，具喙尖，熟后红褐色，有种子1～3粒，多用作绿篱。

皂荚为中国植物图谱数据库收录的有毒植物，其毒性部分为豆荚、种子、叶及茎皮。人口服200克皂荚的水煎剂可中毒死亡。人服后10分钟出现呕吐，2小时后腹泻，继之痉挛、神志昏迷、呼吸急促，8小时后死亡。尸检可见脑水肿充血，内脏黏膜充血、水肿呈毒血症及缺氧症。小鼠腹腔注射17克皂荚种子的乙醇提取物后，出现活动减少、安静伏地等现象，最后死亡。

奇趣生物

易误食的毒木耳——叶状耳盘菌

叶状耳盘菌又叫毒木耳、暗皮皿菌、其子囊盘小，黑色，呈浅盘状或浅杯状，由数枚或很多枚集聚生在一起，具短柄或几乎无柄，直径2～3.5厘米，个体大者盖边缘呈波状，上表面光滑，下表面粗糙和有棱纹，湿润时有弹性，呈木耳状或叶状，干燥后质硬，味略苦涩。叶状耳盘菌的子囊细长呈棒状，内有8个近双行排列的孢子。孢子无色，短柱状，稍弯曲。侧丝细长，顶部弯曲，近五色，有分隔和分枝，顶端粗约3微米。

叶状耳盘菌通常于夏秋季在桦木等阔叶树腐木上成丛或成簇生长在一起，其主要分布在湖南、广西、陕西、云南、贵州、四川等地。

叶状耳盘菌极似木耳，因此，木耳产区多发生人因误食毒木耳而中毒的事件。误食叶状耳盘菌中毒的症状如胶陀螺菌中毒，属日光过敏性皮炎，可能会有卟啉这种物质。一般人发病率高达80%，食后约3小时发病，出现手指、脚趾发痒，脸面红肿，灼烧般疼痛，往往形成水肿和水泡，嘴唇肿胀外翻，尤其裸露部位反应更严重。

危害农作物的异类——假高粱

假高粱为多年生草本，茎秆直立，高达2米以上，具匍匐根状茎。叶阔线状披针形，基部被有白色绢状疏柔毛，中脉白色且厚，边缘粗糙，分枝轮生。小穗多数，成对着生，其中一枚有柄，另一枚无柄，有柄者多为雄性或退化不育，无柄小穗两性，能结实，在顶端的一节上3枚共生，有具柄小穗2个，无柄小穗1个。结实小穗呈卵圆状披针形，颖硬革质，黄褐色，红褐色至紫黑色，表面平滑，有光泽，基部边缘及顶部1/3具纤毛；稃片膜质透明，具芒，芒从外稃先端裂齿间伸出，膝曲扭转，极易断落，有时无芒。颖果倒卵形或椭圆形，暗红褐色，表面乌暗而无光泽，顶端钝圆，具宿存花柱；脐圆形，深紫褐色。胚椭圆形，大而明显，长为颖果的2/3。小穗第二颖被面上部明显有关节的小穗轴2枚，小穗轴边缘上具纤毛。

假高粱喜欢温暖、湿润、夏天多雨的亚热带地区，是多年生的根茎植物，能以种子和地下根茎繁殖。开花始于新芽出土7周之后（一般在6～7月份），一直延续到生长季节结束。在花期，根茎迅速增长，其形成的最低温度是15～20℃，在秋天进入休眠，次年萌发出芽苗，长成新的植株。

假高粱一般在7～9月份间结实。每个圆锥花序可结500～2000个颖果。颖果成熟后散落在土壤里，约85%在5厘米深的土中。种子在土壤中可保持3～4年仍能萌发。新成熟的颖果有休眠期，因此，在当年秋天不能发芽。其休眠期约

奇趣生物

5～7个月，到来年温度达18～22℃时即可萌发，在30～35℃下发芽最好。

假高粱地下根茎不耐高温，暴露在50～60℃下2～3天，即会死亡。脱水或遭水淹，都会影响其根茎的成活和萌发。

假高粱耐肥、喜湿润（特别是定期灌溉处）及疏松的土壤，常混杂在多种作物田间，主要有苜蓿、黄麻、棉花、洋麻、高粱、玉米、大豆等作物。另外，在菜园、柑橘幼苗栽培地、葡萄园、烟草地里假高粱也有生长。同时，它还生长在沟渠附近、河流及湖泊沿岸。

混杂在其他粮食中是假高粱远距离传播的主要途径。其次，它的种子还可随水流传播。假高粱的根茎可以在地下扩散蔓延，也可以被动物携带向较远距离传播。

假高粱原产地中海地区，大约于20世纪80年代随进口粮食传入我国。国内如山东、贵州、福建、吉林、河北、广西、北京、甘肃、安徽、江苏等地局部都发现过。

假高粱是谷类作物、棉花、苜蓿、甘蔗麻类等30多种作物田里的主要杂草。它不仅使作物产量降低，还是高粱属作物的许多害虫和病害的寄主。它的花粉可与留种的高粱属作物杂交，给农业生产带来很大的危害，被普遍认为是世界农作物最危险的杂草之一。它能以种子和地下茎繁殖，是宿根多年生杂草，一株植株可以产28000粒种子，一个生长季节能生产8千克重的植株和170米长的地下茎。1平方千米面积上的所有地下茎总长度可达86～450千米，能萌发的芽数可达1400万个。假高粱的地下茎是分节的，并且分枝，具有相当强的繁殖力。即使将它切成小段，甚至只有一节，它仍不会死亡，并且在有利的条件下，它还能形成新的植株。因此，它具有很强的适应性，是一种危害严重而难于防治的恶性杂草。此外，它的根分泌物或者腐烂的叶子、地下茎、根等，能抑制农作物种子萌发和幼苗生长。假高粱的嫩芽聚积有一定量的氰化物，牲畜取食时易引起中毒。

危害健康的毒品植物——大麻

作为毒品的大麻主要是指矮小、多分枝的印度大麻。大麻类毒品的主要活性成分是四氢大麻酚（THC）。大麻雌花枝的顶端、叶、种子及茎中均有树脂，叫大麻脂，这种大麻脂可提取大量的大麻毒品。科学家从大麻的树脂中提取了400种以上的化合物，其中有一种叫四氢大麻酚，是刺激神经系统的主要成分。四氢大麻酚的含量越多，性越烈，毒品的劲头就越大。

大量或长期使用大麻，会对人的身体健康造成严重损害：

1. 神经障碍。吸食过量的大麻可发生意识不清、焦虑、抑郁等，对人产生敌意、冲动或有自杀意愿。长期吸食大麻可诱发精神错乱、偏执和妄想。

2. 记忆力低下，行为错乱。滥用大麻可使记忆力及注意力、计算力和判断力减退，使人思维迟钝、木讷，记忆混乱。长期吸食还可引起退行性脑病。

3. 影响免疫系统。吸食大麻可破坏机体免疫系统，造成细胞与体液免疫功能低下，易受病毒、细菌感染。所以，大麻吸食者患口腔肿瘤的多。

4. 吸食大麻可引起气管炎、咽炎、气喘发作、喉头水肿等疾病。吸一支大麻烟对肺功能的影响比一支香烟大10倍。

5. 影响运动协调。吸食大麻过量会损伤肌肉运动的协调功能，造成站立平衡失调、手颤抖、失去复杂的操作能力和驾驶机动车的能力。

宜赏宜药的海岸防护树——海杧果

海杧果，别称海檬果、猴欢喜、黄金茄等，属于夹竹桃科、海杧果属，产于中国广东、广西、台湾、海南等地，澳大利亚和亚洲其他地方也有分布。

海杧果高4～8米，有乳汁。枝粗壮，具明显的叶痕；叶互生，倒卵状披针形或倒卵状矩圆形，长6～37厘米。聚伞花序顶生；花白色，喉部红色，径约5厘米，花期3～10月份。核果，椭圆形或卵圆形，橙黄色，果期11月份至翌年春季。叶丛生于枝顶，披针形或倒披针形。顶生聚伞花序，花高脚碟状，花冠白色，中央淡红色，裂片5片。核果卵形，橙花色，有毒。

海杧果叶大花多，姿态优美，适于庭园栽培观赏或用于海岸防潮，果实剧毒。

可入药的毒植物——曼陀罗

曼陀罗又叫醉心花、洋金花、万桃花、山茄子等，广泛分布于世界温带至热带地区，我国各省区均产，多野生在田间、沟旁、道边、河岸、山坡等地方。

曼陀罗在热带为木本或半木本，在温带地区为一年生直立草本植物。曼陀罗单叶互生，花两性，花冠喇叭状，5裂，有重瓣者；雄蕊5枚，全部发育，插生于花冠筒；中轴胎座，胚珠多数。蒴果、花萼在果时近基部环状断裂，仅基部宿存。

曼陀罗茎粗壮直立，株高50～150厘米，全株光滑无毛，有时幼叶上有疏毛；其上部常呈二叉状分枝；叶互生，叶片宽卵形，边缘具不规则的波状浅裂或疏齿，具长柄。脉上生有疏短柔毛。花单生在叶腋或枝叉处；花萼5齿裂筒状，花冠漏斗状，长7～10厘米，筒部淡绿色，上部白色；花冠带紫色晕者，为紫花曼陀罗；花期在夏、秋季；播种法繁殖；蒴果直立，表面有硬刺，卵圆形；种子稍扁肾形，黑褐色；茎直立、粗壮，主茎常木质化；叶宽卵形，边缘有规则波状浅裂，基部常歪斜。

曼陀罗全株有剧毒，特别是种子毒性最大，嫩叶次之，干叶的毒性比鲜叶小。其叶、花、籽均可入药，味辛性温，药性镇痛麻醉、止咳平喘，主治咳逆气喘，面上生疮、脱肛及风湿、跌打损伤，还可作麻药。三国时著名的医学家华佗发明的麻沸散的主要有效成分就是曼陀罗。

曼陀罗中毒为误食曼陀罗种子、果实、叶、花所致，其主要成分为山莨菪碱、阿托品及东莨菪碱等。上述成分具有兴奋中枢神经系统，阻断M-胆碱

奇趣生物

反应系统，对抗和麻痹副交感神经的作用。临床主要表现为口、咽喉发干，吞咽困难，声音嘶哑、脉搏加快、瞳孔散大、谵语幻觉、抽搐等症状，严重者可进一步发生昏迷及呼吸衰竭而死亡。

宜赏宜药的植物——夹竹桃

夹竹桃，植物界被子植物门双子叶植物纲捩花目夹竹桃科夹竹桃属，常绿大灌木，高达5米，含水液，无毛。叶3～4枚轮生，在枝条下部为对生，窄披针形，长11～15厘米，宽2～2.5厘米，下面浅绿色；侧脉扁平，密生而平行。聚伞花序顶生；花萼直立；花冠深红色，芳香，重瓣；副花冠鳞片状，顶端撕裂。蓇葖果矩圆形，长10～23厘米，直径1.5～2厘米；种子顶端具黄褐色种毛。

夹竹桃原产伊朗，现广植于热带及亚热带地区，我国各省区均有栽培。夹竹桃的茎皮纤维为优良混纺原料，又可提制强心剂；根及树皮含有强心苷和酸类结晶物质及少量精油；茎叶可制杀虫剂，其茎、叶、花朵等都有毒，它分泌出的乳白色汁液含有一种叫夹竹桃苷的有毒物质，误食会中毒。

夹竹桃的适应性强，栽培管理比较容易，无论地栽或盆栽都行，但多见于公园、厂矿、行道绿化。各地庭园常栽培作观赏植物。

夹竹桃的叶长得很有意思。三片叶子组成一个小组，环绕枝条，从同一个地方向外生长。夹竹桃的叶子是长长的披针形，叶的边缘非常光滑，叶子上主脉从叶柄笔直

地长到叶尖，众多支脉则从主脉上生出，横向排列得整整齐齐。夹竹桃的叶上还有一层薄薄的"蜡"。这层蜡替叶保存水分和温度，使植物能够抵御严寒。所以，夹竹桃不怕寒冷，在冬季，照样绿姿不减。

夹竹桃的花有香气。花集中长在枝条的顶端，它们聚集在一起好似一把张开的伞。夹竹桃花的形状像漏斗，花瓣相互重叠，有红色和白色两种，其中，红色是它自然的色彩，"白色"是人工长期培育造就的新品种。

宜茶宜药的食物补充剂——野葛

野葛又名：野葛、毒根、胡蔓草、断肠草、黄藤、火把花等。并指出：野葛生于日本、中国南方，常在海拔1850米的山谷杂木林缘，我国四川、贵州、湖南、湖北、台湾等地均有。村圩间巷间皆有，被人通称钩吻耳，是一种有毒的植物。

野葛为落叶攀缘状灌木；小枝棕褐色，具条纹，幼枝被锈色柔毛。掌状3小叶，叶柄长5～10厘米，被黄色柔毛，上面平或横具槽；顶生小叶倒卵状椭圆形或倒卵状长圆形，最宽处在叶的中上部，长8～16厘米，宽4～8.5厘米，先端急尖或短渐尖，基部渐狭；侧生小叶长圆形或卵状椭圆形，长6～13厘米，宽3～7.5厘米，基部偏斜，圆形，小叶全缘，叶面无毛，叶背沿中脉和侧脉疏被柔毛或近无毛，脉腋被黄褐色簇毛；侧生小叶无柄或近无柄，顶生小叶柄长0.5～2厘米，被柔毛。圆锥花序腋生，短而密集，长约5厘米，被黄褐色微硬毛；苞片长圆形，长约2毫米，被毛；花黄绿色，花柄长约2毫米，粗壮，被毛；花萼无毛，裂片卵形，长约1毫米或略超过，基部具3条黑色纵脉；花瓣长圆形，无毛，长约3毫米，开花时

外卷，具不明显的褐色羽状脉；雄蕊与花瓣近等长，花丝线形，长约2毫米，花药长圆形，长约1毫米；花盘5浅裂，无毛；子房球形，无毛，径约0.5毫米，花柱1，极短，柱头3裂，头状。核果略偏斜，呈斜三角形，长约5毫米，宽约6毫米，先端短尖，外果皮薄，黄色，被刺毛，毛长达1毫米，中果皮蜡质，具纵向褐色树脂道，果核坚硬，黄色。

野葛是亚洲国家传统的食物补充剂，可以茶或药的方式服用。

第五章　探寻动物不为人知的密码

鱼类的隐蔽策略

　　鱼类在捕食或躲避敌人时，有许多掩饰自己的方法，它们有时甚至会假扮成其他物种的食物，以便更好地捕捉那些物种。

　　其中最简单的掩饰手法可能是反向隐蔽，鲨鱼就是如此。鲨鱼的背部颜色深于腹部，从下面往上看时，显得全身颜色均匀，与天空融为一体，因此当它们接近猎物时不会被发现。

　　好几个物种都具有与背景融为一体的保护色。像大菱鲆和孔雀鲆这样的比目鱼在海底等待猎物时，都能主动变色，它们的色素细胞能使其迅速变为与周围环境相似的颜色。

　　叶海龙则是被动地改变身体的形状和颜色以掩藏自己，这种方法十分有效。它们的身体形如碎段，与栖息地的杂草丛融为一体，不论是敌人还是猎物，都不会将它们视为鱼类。另一些物种的隐蔽策略虽不及叶海龙这样引人注目，但却也行之有效，它们将身体埋入基质的洞穴中，仅将具有很强的掩护色或与岩石几乎一样的头部露在基质外。毒鲉就是后者的典型代表。因为它们的身体与周围的岩石十分相似，并且上边布满了斑驳的藻类，就连潜水员一不小心都容易碰到毒鲉，并被其可怕的强力毒刺所扎。

　　某些鱼类具有超强的模仿能力。琵琶鱼（壁鱼物种）能用"钓竿和线"——肉茎和貌似其目标猎物所喜爱的食物的诱饵（譬如蠕虫）来钓鱼，因此也得名"垂钓鱼"。它们这种令人叫绝的身体结构是由其第一背鳍的棘刺发育而来的，在不用时还能折叠起来。

寻找"古老的四腿鱼"

　　生物学中没有记载的物种，并不意味着它不存在，腔棘鱼就是一个很好的例证。

　　1938年一个炎热的夏天，古森特号船的船长尼润将船停靠在了南非东伦敦港口。那时，玛罗丽·考特内·拉蒂莫是东伦敦博物馆的馆长，到达此地的船长们习惯性地把她接到船靠岸的码头进行巡视，以便她收集一些鱼类标本放在博物馆中进行展示。1938年12月22日上午10点30分，尼润船长打电话告诉她，说自己给她带来了一些鱼类标本。渔网中是一条巨大的蓝色的鱼，长着像四肢一样的鱼鳍和一条她以前从未见过的三叶尾鳍。几经努力，终于有一位出租车司机愿意把她和这条1.5米长、油滑发臭的"战利品"送到博物馆。在翻阅了许多参考文献后，她最初认为这条鱼是一条"发酵的肺鱼"。

她感觉到这件事情非常重要，于是试图和位于格拉汉姆斯顿镇，罗得斯大学的鱼类研究者史密斯博士（他的名字将永远和这条鱼联系起来）取得联系。当时正值南非的夏季，气温很高，该如何保存这个重要的科学发现呢？当地的停尸房拒绝将这个鱼标本贮存在冷藏室内，最终，在当地的动物标本剥制师承诺将鱼做处理后，停尸房才愿意接纳。最后，这位动物标本剥制师用布将这条鱼包裹起来，将其浸泡在福尔马林溶液中。

1938年12月26日，经过4天后，她仍然没有得到史密斯博士的回复。原来，福尔马林并没有渗入到鱼的身体内部，其内部器官正在逐渐腐烂。实用主义者主张将即将腐烂掉的部分扔掉，保留没有腐烂的部分。

1939年1月3日，史密斯博士发出了一份电报，上面写道：骨骼和腮，即最重要的部分要保留下来。但是，人们在搜寻了当地的所有垃圾堆后仍没有找到扔掉的器官。当时出现了两个麻烦。最初拍摄的有关这条鱼的照片已经被弄坏了，当时博物馆的保管人并不认为这条鱼很重要，命令将鱼皮像以前一样制成标本。2月16日，史密斯到了。他愤怒地看着这张被制成标本的鱼皮，说道："我一直认为，在某一地点，或是其他某一原因下，自然界中的原始鱼类将会出现。"

为了纪念玛罗丽·考特内·拉蒂莫的发现和鱼的捕捉地库鲁模纳河，他将这条鱼命名为腔棘鱼。

为什么在如此长的时间内人们都不知道这种带有明显多刺鱼鳞的鱼的存在呢？大大的眼睛和潜伏性食肉动物外形使它看上去好像并不生活在东伦敦港附近。除了被捕捉到的这一条之外，在这条鱼被捕获的地方一定还会存在更多相同的鱼，但是到底在哪里呢？

捕捞活动艰辛而又刺激，历经14年，人们做了大量的工作，甚至都启用了南非总统的私人飞机。所有的工作细节都显示在史密斯关于"古老的四腿鱼"的著作——《腔棘鱼的传说》（伦敦：朗曼出版社，格林路，1956年）

中，另外还有基斯·汤姆斯所著的——《活化石：腔棘鱼的传说》（哈钦森·雷底斯出版社，1991年）。

就在1952年圣诞节前，史密斯接到了在科摩罗群岛的依瑞特·罕特船长的电报。电报中写道：刚接到的转发电报说有5条注射了福尔马林的腔棘鱼的标本捕杀于20号，藻德济。

虽然这个发现让科学界感到兴奋，然而科摩罗群岛（藻德济岛位于其中）的居民们却不以为然。他们非常熟悉这种鱼，管它叫蒂迈鱼（指"禁忌"，和其难吃有关），认为捕捉它们毫无意义，尽管这种鱼身上粗糙的鱼鳞可以用来给破旧的自行车轮胎补胎。

随后，所有腔棘鱼都是在科摩罗群岛海域附近发现的，这使得在许多年间这片海域成为腔棘鱼的唯一分布地。随后，在1997年9月，迈克和生物学家阿瑞纳·艾德曼在印度尼西亚苏拉威西岛（距科摩罗群岛大约10000千米）度蜜月时，在该海域中遇到了一种鱼，这极大更新了腔棘鱼的传说，打破了认为地球上只有科摩罗群岛是腔棘鱼的分布地的专断说法。

苏拉威西岛发现的鱼确切地说也是腔棘鱼，只是外形稍有不同。10个月之后，当这种鱼搁浅后确认了这一事实。这些腔棘鱼颜色有别于科摩罗群岛发现的腔棘鱼（闪着金色斑点的褐色，而不是闪着粉白斑点的蓝色）。DNA试验证实了这一点，于是新发现的腔棘鱼被命名为拉蒂莫鱼。苏拉威西岛的渔民曾在很长时间里一直把本土的腔棘鱼认为是若加哈·劳特鱼，或者"海洋之王"。

2000年10月28日，潜水员耶西·卡亚在索德瓦那海湾，即远离南非夸祖鲁—纳塔尔海岸北部的海洋保护区，在104米的海域深度处发现了3条腔棘鱼。1个月之后，在同一区域又发现了3种新的腔棘鱼的身影。这些发现说明，腔棘鱼的分布与以前所推测的不同，它们可能广泛分布在整个印度洋区域。

蝴蝶为何如此色彩斑斓

蝴蝶和蛾的翅膀具有鲜艳夺目的颜色，极少有其他动物能与之媲美。该群体中的每个种类都有自己独特的彩色图案，有的甚至不止一种，且不同的群体和性别也表现出不同的图案组合。事实上，这些颜色即使它们死后也不会褪去，这使得鳞翅类动物成为能够被深入研究的一个群体。蝴蝶的收集可以追溯到16世纪初，瑞士动物学家康拉德·杰斯特纳建立动物学博物馆的时候。现存最古老的蝴蝶标本是1702年捕捉的云粉蝶，它完好的形态给人留下深刻的印象。这意味着这类昆虫风干后基本可以完整地保留它们固有的颜色。

这些颜色和图案提供了两种指示信息。一是展示给同类的，或者用于雄性之间的竞争，或者是给潜在的伴侣留下深刻的印象。并且，人类仅能够看到光谱中的靛蓝到红色段，而鳞翅目及其他的一些昆虫种类却可以看到紫外光部分，由此它们可以分辨出人的视力所不能及的颜色。

二是为了展示给将鳞翅目昆虫当作攻击和食用对象的群体。作为目标群体，它们的颜色和图案传递出一种信息，即自己是很难吃的食物。另一方面，这也能为它们提供伪装，使它们逃过脊椎动物的捕杀。

鳞翅目昆虫鳞片颜色稳定的秘密在于这些鳞片上有永久性的色素，或者是具有能产生干涉色的精微表面结构。这种色彩的持久性和蜻蜓等昆虫色彩的短暂性形成了鲜明对比——后者死后，其色彩马上消失。最普遍的一种是黑色素，它使昆虫身上产生黑色，这种色素来自于昆虫体内释放的化学物质，能够硬化蜕皮后的皮肤或表皮，和人体黑头发和黑皮肤的色素是一样的。其他的色素来自于幼虫的食物或者幼虫本身。

植物色素——一种十分普遍的色彩来源，被鳞翅目毛虫吸收后会一直保留到成虫期。类胡萝卜素——红、黄、橙色的植物色素——是蝴蝶和蛾身上最常见的色素，和黑色素混合后产生棕色以及更深的渐变色；花朵中的叶黄素产生亮黄色；花朵中的花青素产生蓝色、紫色、深红色，并给翅膀的鳞片提供相同的颜色。最后，青草可以提供大量的黄酮类色素，能够产生从乳白到黄色的颜色。这些色素被食草的幼虫利用，如欧洲石纹蝶，当暴露在氨中时它可以由浅白色变成亮黄色。这种颜色的暂时改变是其与黄酮素的化学反应产生的。

体内制造的色素来自于氨基酸这种构成蛋白质的物质，也普遍存在于鳞翅目昆虫中。蛱蝶科中常见的棕色和红色由眼色素产生。次一类产生色素的群体是粉蝶科中很普遍的蝶呤，能制造出白色和黄色。

这些基本的色素还能够用来产生虚幻的颜色：橙色尖翅蝶底面的绿色斑纹是以黑色鳞片为背景叠加黄色鳞片而产生的——同样的光学原理也用于打印设备和计算机屏幕上，这些光学设备输出图像时，每个像素有不同的色调。类似的，黑色的鳞片边缘对应灰白的眼点会增强翅膀图案的效果，甚至能在一个平面的翅膀上产生生动的三维立体像。

有一些蝴蝶翅膀包含的颜色和图案是人眼看不见的，由此推断，它的这种颜色或图案可能某些潜在的捕猎者也看不见。这类图案能反射脊椎动物看不见的紫外光，而昆虫的眼睛却能够看见，这就使得同种类的昆虫能直接沟通而不会给其他脊椎类捕猎者留下任何线索。许多黄色或者白色的粉蝶有着独特的紫外光图案，使得它们能够很好地分辨彼此的性别。

所有颜色中最引人注目的是众多鳞翅类家族所拥有的闪光的蓝色、紫罗兰色和红色。这些颜色在被液体弄湿了之后会消失，而液体一旦蒸发之后，颜色又重新出现。这些都是结构色，是由鳞片表面上一些精微的凸起和外表

皮下面很细密的一层共同产生的。这些结构产生闪光的颜色，并会随着视角的变化而变化。豆粉蝶鳞片的凸起和表皮下的那一层结合，与照射在它们上面的光线进行干涉，产生出以蓝色和紫外光为主的反射图案。压缩光盘利用了与此相似的原理——光盘上的光线从微小的槽和凸起折射出来，产生色彩。每种蝴蝶在色彩上都有细微的不同，这是由它们鳞片结构上微小的差异决定的。这种电光般的颜色对我们来说很显眼——在低飞的飞机上也可以看见飞翔的雄性大闪蝶。反射光在紫外光里很丰富，大闪蝶的眼睛对紫外光波长非常敏感，这类蝴蝶可能会把镜子中的蓝色当成是频闪观测仪的强烈闪光。

翅膀颜色的一个鲜为人知的作用是可以通过晒太阳来调节体温。暗色能比灰白色更有效地吸收来自太阳辐射的热量，蝴蝶就是利用这一点在起飞前加速热身的。豆粉蝶中的云黄蝶和某些白粉蝶，其翅膀上图案的黑色素的数量会随着季节、经度、纬度的变化而改变。温度越低，图案的黑色越多，由此，昆虫的移动力得到了提高。

这种对温度调节的效果来自于产生黑色素的化学过程。在寒冷的环境下，外表皮的变硬过程减慢，因此产生出比在温暖环境中更多的黑色素。将不同种类的蝶蛹暴露在寒冷的环境中时会产生很多不同的黑色图案，生动地验证了颜色变化与温度的关系。然而自然界的事物通常并不是表面上所看的那样，至少有一种黑色翅膀的热带蝴蝶虽然看起来翅膀是黑色的，却是通过鳞片的色素来避免过热，因为黑色的翅膀实际上是不吸收红外线的。

用作生物"武器"的甲虫

不管是有意的还是偶然的，每当有某种外来植物品种进入某一地区的时候，通常都缺少抑制这一物种的自然控制手段。免疫性使得外来植物品种有机会大量繁衍并使当地的生态系统不堪重负。为了抵抗这些入侵者，甲虫越来越多地得到利用。

原产于南美的水蕨已被人为地传入非洲、亚洲和澳大利亚。不管它被传入哪个地区，都会通过稻田、湖泊、河流和灌溉渠道大范围蔓延开来。1972年，有一两棵水蕨被带进巴布亚新几内亚，而到了1980年，这些草本植物就像密集的草垫一样覆盖了250平方千米的面积，估计其总量达200万吨。于是，人们开始研究当地有哪些昆虫会以这种草为食，最后，人们在巴西发现了一种象鼻虫。当蕨类植物给人们造成烦恼的时候，这种甲虫就成了非常有效的控制媒介。成年象鼻虫以蕨类植物的芽为食，而幼虫则喜食根和根状茎。最终，这些植物种群的数量迅速降至原来的1%。巴布亚新几内亚的生物控制工程因此取得了非常好的成绩，人们又得以回到原先那些因为野草霸占而不得不离弃的村庄里。

凤眼蓝据说是世界上生长速度最快的植物之一。人们最初在巴西境内一条河流中发现它们，并为其美丽的花朵而倾倒。此后，这种植物被引种进53个国家的河道内，并迅速占领河道的水面，不仅遮住了光线，还破坏了现有的生态系统，造成鱼群的死亡。1989年，它来到乌干达的维多利亚湖后，其密度让小船都无法在其中通过，数千渔民陷入失业状态。当地因鳄鱼的攻击造成的死亡率也在上升，原因是这些植物为鳄鱼提供了非常好的掩护。后来，人们从南美引进两种象鼻虫来对付这种植物。成年的象鼻虫以它们的叶片为食，而幼虫则会钻进茎部，最终导致植株死亡。但不幸的是，凤眼蓝已在当地扎下强大的根基，这些象鼻虫没法跟上它们生长的步伐。

　　如今，凤眼蓝已占领了非洲最大的湖泊之一——马拉维湖。它们的横行已成为制约当地经济发展的主要原因，但能对付它们的化学武器既昂贵而又收效不大。人们于是引进一批凤眼蓝甲虫，在当地培育出数千只后投放到湖中。与化学制剂相比，生物控制方法见效的过程要慢，但看起来却是唯一可长期使用的安全手段。

　　然而，意外总会发生，引进一种非本土的昆虫品种有可能会带来一系列的新问题。甲虫们不一定就能按人们的意愿只对付目标植物，它们很有可能会把注意力转移至当地的其他植物上去。1969年，美国引进的一种象鼻虫就出现过这样的情况。当时引进这种象鼻虫是为了对付一种外来的、给畜牧业造成麻烦的蓟草，但如今它们也会侵袭至少4种本土的蓟草，弄不好最后会把这些蓟草一扫而光。此外，这种象鼻虫还会与美国本土其他的昆虫争夺食源，有可能使本土的昆虫在美国绝迹。人们也不清楚这种连锁反应会蔓延多远，或是否还会有其他的生物受到影响。

　　20世纪80年代，美国把七星瓢虫投放到小麦田中去对付俄罗斯小麦蚜虫。但现在，人们开始担心这些七星瓢虫会扩散至那些它们没到过的区域，并与当地的瓢虫争食。

　　虽然，甲虫们不会飞，但它们仍能四处蔓延。在法国，人们开发了一项培育不会飞的瓢虫的技术——暴露在辐射光线下的亚洲瓢虫，再经过诱导基因突变的化学物的处理后，就成为不会飞的变种，进而可以大量培育。在对付害虫方面，它们与其他有翅的瓢虫同样有效，在美国被广泛用于保护瓜田。但是，尽管没有翅膀，这些变种瓢虫仍然扩散到了其他地区，并成为当地的优势物种。

雄孔雀为什么爱炫耀

蓝孔雀的炫耀行为举世闻名，乃是雍容华贵的象征。这种鸟会在它们高傲的蓝颈后面展开一道巨大的扇形屏。这道巨大的扇形屏由近200枚色彩缤纷的羽毛组成，上面装饰着许多闪闪发光的"眼睛"。自古以来，孔雀与人类就一直有着密切的关系，在许多印度寺庙和欧洲公园里都是一道亮丽的风景线。然而，直到不久前，人们对孔雀求偶跳舞的细节问题还知之甚少，对它们那道豪华屏（那已不能称为尾巴，而是许多变大的尾覆羽）的意义更是几乎一无所知。

孔雀一年内大部分时间成小群或与家庭成员一起生活。然而，在繁殖期，它们变得独来独往，且非常好斗。每只雄性成鸟会回到它以前繁殖时所曾占据的地方，重树它的领域权。为了表明自己的存在，它会威胁入侵者，并发出响亮的鸣叫声。它所拥有的领域很小，面积为0.05～0.5公顷，以森林和灌木丛中的空旷地为中心。这些领域往往紧挨在一起，因此，雄孔雀们很清楚它们相互之间距离很近。偶尔，某只涉世不深的雄鸟会挑战它资深的邻居，于是一场旷日持久的暴力斗争便会随之而来。斗争双方神经高度紧张地围着对方转，寻找着机会，然后突然跳起攻击对方。如果势均力敌，那么这场战斗有可能会持续一整天甚至更长时间，而其他孔雀则

像人们观看拳击比赛那样在边上兴致勃勃地旁观。不过，雄孔雀之间的斗争很少会出现斗得头破血流的场面，胜利者常常是更富有耐心和毅力的一方，它最终会将对手驱逐走。

孔雀在自己的领域内有1～4个特定的炫耀点，它在那里跳著名的"孔雀舞"。这些地点均为它精心挑选，最典型的是一种由灌木或墙壁所围起来的"龛"结构，长宽不超过3米。在英国的一个公园里，一只雄孔雀竟使用一个露天剧场的舞台来作为它的炫耀地！

雄孔雀在这些地点附近耐心地等待，直至看见一只或数只雌孔雀过来，它便走到炫耀点，然后彬彬有礼地转过身背对着雌孔雀，簌簌有声地缓缓抖开它那巨大的屏，让每只"眼睛"都"睁开"。接下来，它开始有节奏地上下摆动翅膀。随着雌孔雀走近，它会保持让屏无修饰的背面总是面向它们。

而雌孔雀对雄孔雀华丽的炫耀无动于衷则是出了名的。它们来到这个地方更多的似乎是出于巧合，而非有意为之。

当雌孔雀进入"龛"后，雄孔雀会快速扇动翅膀后退，而雌孔雀则避开它走到炫耀地的中心位置。这显然正是雄孔雀一直所期待的。于是，它猛然转过身来面向雌孔雀，翅膀停止扇动，将屏前倾，几乎可以将雌孔雀覆盖。同时，整个屏一阵阵地快速抖动，产生一种清脆响亮的沙沙声。雌孔雀的反应通常是一动不动地站着，于是雄孔雀转过身继续扇动它的翅膀。有时，雌孔雀会快步绕到雄孔雀的面前，然后当它抖翅时，会兴奋地重新跑到它后面。这一行为会反复好几次。

查尔斯·达尔文意识到孔雀的屏是一个进化上的谜。既然这一装饰物纯粹是多余的累赘，为何对雌鸟仍有吸引力?对于这个问题，生物学家罗纳德·费希尔给予了巧妙的回答。他认为，雌鸟选择最华丽的雄鸟是为了它们的"儿子"可以继承父亲的魅力。换言之，这是一种从众行为。倘若某只雌鸟表现出与众不同的品位，那么它便会冒后代缺乏吸引力的风险，被其他雌鸟鄙视为进化倒退。因此，雌孔雀将雄孔雀绚丽的尾羽作为魅力标准而选择最华丽的雄性。另有一种理论认为，雄孔雀尾羽的绚丽程度与年龄成正比，即最漂亮的是年龄最大的，从而体现了它们的生存能力。所以，这种理论认为华丽的雄鸟必定是优良品种。

那么在实际中，雌鸟又是如何选择配偶的呢？答案存在于雄孔雀尾羽的一大特征里。雌鸟在一群炫耀的雄鸟中间走动，对其中几只会回过头来观察，大部分情况下最后会与眼斑最多的雄鸟进行交配。如果是一群雌鸟，那么都会与同一只雄鸟交配。因为眼斑随年龄而增长，因此雌鸟选择的不仅是打扮最"奢侈"的雄鸟，同时也是最富有经验的生存者。

动物取食与植物防御

长颈鹿和作为它们主要食物源的金合欢树之间存在着密切的生态关系。几百万年以来，物种竞争已经有过好多次，涉及一方适应和另一方反适应的策略。金合欢树的嫩枝叶一直是长颈鹿的主要食物，但其自身也有物理上和化学上的防御，以防止被长颈鹿过分吃掉。金合欢树上的棘刺能刺、钩或扯裂长颈鹿的鼻子、嘴唇和舌头，有些种类的金合欢树还具有平面结构的凸起（例如伞状刺），可以阻止长颈鹿吃到发芽的上方树冠。金合欢刺特别长，密密麻麻布于高处，但是哪里没有长颈鹿，哪里的金合欢树就比较"友善"（也就是没有那么多的刺）。金合欢树的化学防御措施体现在它的枝叶含有多种物质，如丹宁酸可以使得它们的嫩枝叶味道很差从而减少被吃，另外，枝叶还含有毒素，这使得长颈鹿无法消化它们。而长颈鹿各种生理上的适应性又使得它们能够克服这些金合欢树的防御，包括具有较强消化功能的黏液状唾液和特殊的肝功能，还有精确区分包含着不同防御性化学成分浓度的叶子的能力。这种能力在小长颈鹿断奶以后就已经慢慢形成了，它们通过尝试吃不同类型的树叶来获得。小长颈鹿通常进行少量尝试的"试错机制"，吃母长颈鹿吃过的东西，有区别地闻嗅并且尝试先前的食物，所有的这些都会对小长颈鹿形成对食物的偏好产生影响。

在克鲁格国家公园核心区里，长颈鹿的密度很高（2.5只/平方千米），可以很清楚地看到一种金合欢树被它们吃过的痕迹，因为这是它们喜欢的植物。长颈鹿成了金合欢树的"园丁"，它们把树"修剪"成了圆锥状或沙漏状，这与园丁修剪植物的效果类似。有意思的是，被长颈鹿"修剪"最严重的树就是那些防御能力最差的树。这些金合欢树面临着高度被"修剪"的压力（它们40%的新芽都被长颈鹿吃掉了），因为它们的树叶中所含有的丹宁酸的浓度只有那些没有被长颈鹿吃的树的一半，这可能是因为这种金合欢树能够比较快地长出新的叶子以此来代替丢失的叶子，从而只有较低的分泌化学抵抗物质的能力。对于长颈鹿和其他吃嫩枝叶的动物比如黑斑羚来讲，便形成这样一个选择食物的趋势，那就是它们越来越以某个地区的一种或几种树为食，而不像食草的有蹄类动物那样以混合型的草类为食。

这些金合欢树会在干燥季节的末期开出奶白色的花朵。每年的这个季节，树叶是最少的，这些花便成了长颈鹿此阶段的食物来源之一。在金合欢树6个星期的开花季节里，长颈鹿会在各棵树之间迁移以寻找这种花，因为它们可以为长颈鹿提供这个时期将近1/4的食物。有效地抵御长颈鹿取食的手段在这种金合欢树的花上出奇地缺乏，但是令我们惊奇的是，它们的树叶可以相当成功地抵御被吃。可喜的现象是，长颈鹿实际上承担着为金合欢花授粉的"重任"。以进化论的观点来看，从超多而且开放非常短暂的花中"拿出"一部分给长颈鹿，却能得到长颈鹿为其授粉的补偿（因为长颈鹿在树冠中挤来挤去，头和脖子的毛发里沾满了花粉），这是值得的。多数开花植物靠飞虫传粉，偶尔也会靠鸟、蝙蝠或是少量不会飞的哺乳动物（如啮齿动物、有袋动物、灵长类动物等）传粉。后者不能在树与树之间飞来飞去，通常也不能在一天里移动比较长的路程，但是一只普通的长颈鹿每次在经过高于地面4米的带花树冠时，它长满毛发的头部总是会沾上许多花粉，而且它一天至少要在100多棵金合欢树上进食，路程达到20千米，可见它的传粉功能是多么强大。这种在金合欢树和世界上最高动物之间的合作进化关系表现得非常明显，也可以作为生物学进一步研究的对象。

狮子为什么要吼叫

当被问到曾经在哪里看见过狮子吼叫的画面的时候，可能大多数人都会在脑海里回忆起米高梅电影公司制作的电影片头吧！但是，具有讽刺意味的是，米高梅电影片头里的狮子只能说是在咆哮，因为它被正在拍摄它的摄像机激怒了。真正吼叫的时候，狮子的表现是这样的：它噘起嘴唇，突出下巴，嘴冲着大地，身体抬起，然后用力发出有节奏的叫声。狮子的吼叫声非常具有震慑力，胆小的人会被它吓破胆而变得神志不清。如果你足够胆大，在非洲，夜晚你能够听到8千米以外的狮子的吼叫声。这样说来，狮子的吼叫声虽然没有人类语言的某些优点，但是，它却可以当之无愧地被称作靠叫声交流的"兽中之王"。

狮子是一种社会性动物，它们的社交方式非常复杂。一个狮群中的个体可能分布在50平方千米的范围内，也就是说，相互之间离得比较远，而另外一个狮群中的某些个体则可能离它们非常近。如果一头狮子误闯入其他狮群的领地，很可能会被当作敌人而被杀死，所以极有必要和朋友保持联系，而和敌对者保持必要的沟通则可以避免被误杀。就像其他社会性动物保持既相对独立又密切联系的关系一样，狮子之间即使相隔很远也能保持相互的交流，这种相隔的距离很可能在人类的听力所能达到的范围之外。狮子吼叫一次的程序是这样的：先是一阵长而低沉的咕噜声，紧接而来的是一串断断续续的啸声。雄狮和雌狮都会吼叫，不过雄狮的声音更加清亮和持久。

只有在想要控制某块领地的时候，狮子才会在晚上吼叫，而且不等声音静下来，它们就采取实质性的行动。大多数年轻的雄狮在为自己开拓领地而到处游荡的过程中，都要隐忍一段时间，尽量避免和当地的雄狮发生直接冲突。当地的狮子在晚上冲着其他狮子吼叫的时候，年轻的雄狮会保持沉默。而一旦建立并巩固了自己的领地，它们就会开始吼叫。科研人员曾经用录下的狮吼声，来研究狮子相互吼叫的意图。科学家在坦桑尼亚的塞伦盖蒂国家公园和恩戈罗恩戈罗火山口地区建立了一套高质量的语音广播系统，向狮子们播放事前录好的狮吼声，来研究狮子的反应情况，结果表明，吼叫是狮子之间相互交流某种信息的手段。

研究表明，某些吼叫声是让它们放心的信号。带幼崽的雌狮需要辛勤捕猎来养育幼崽，而雄狮则负责保护它们的安全。因此，一个狮群中的雄狮很少和雌狮、幼狮待在一起，它需要在栖息地的四周到处巡逻，防止外来者咬死幼狮。在晚上，当雌狮听到一头雄狮（小狮子的父亲）的吼叫声的时候，它就可以放心了，这表明，在这个时候它们是安全的；但是，当听到一群陌生的雄狮在附近发出吼叫声的时候，这就表明，一定有可怕的事情发生了，且非常危险。

研究者向一群雌狮和幼狮播放雄狮吼叫的录音，当播放的是它们自己所在狮群中雄狮的吼叫录音的时候，雌狮们几乎没有什么反应；但是，当向它们播放别的狮群中雄狮的吼叫声的录音时，雌狮们就会变得焦躁不安，或者向扩音器的方向怒吼，或者集合起小狮子立刻逃走；当向它们播放别的狮群

中雌狮的吼叫录音时，雌狮也会做出反应，认为是竞争者来了，它们会很自信地接近扩音器，准备发动攻击。

也就是说，雌狮们能够听出周围有几头狮子正在向它们靠近，从而做出不同的反应。向一群雌狮播放的录音中如果只有1头陌生狮子的吼叫声，这群雌狮会根据自身有几个同伴而做出不同的反应。当录音中只有1头狮子的吼叫声的时候，单个的雌狮很少会向扩音器接近；如果有2头雌狮，它们向扩音器接近的概率会达到50%；如果有3头雌狮的话，则肯定会接近扩音器。当录音中有3头陌生狮子的吼叫声时，3头在一起的雌狮的反应就如同1头雌狮听到1头狮子吼叫录音的时候一样；4头在一起的雌狮的反应就如同先前的2头雌狮的反应一样。依次类推，这种连续的反应强有力地证明了狮子是能够"识别数字"的，它们能同时意识到周围有几个同伴，有几个外来者。

当一头狮子听到另外一头狮子的吼叫声时，它能够分辨出吼叫的狮子是一头雄狮，还是一头雌狮；是一个同伴，还是一个敌人。而且能够分辨出同伴的数目与正在吼叫的狮群的数目哪个更大哪个更小。雌狮所在的狮群一般有1～18头雌狮，但即使在最大的狮群中，各个成员待在一起的时间也很短。雌狮一旦集结起来，占据压倒性优势的数量，它们就会对扩音器中的狮吼声做出反应，一边发出吼叫声召唤同伴，一边向扩音器接近，准备发起攻击。

研究狮子的专家通过播放录音而知道了狮子对吼叫声的反应，但是，仅仅这样是不够的，还需要更精确地知道狮子仅凭听到吼叫声是如何辨别出发声的狮子的。有些狮子的吼声沙哑刺耳，有些比较清晰且声调适度，更有些狮子能够根据目的不断地变换声调——有的时候声音很低沉，有的时候吼叫声则显得漫不经心。在动物王国里，动物的大多数叫声都表示某种意义，而人类只不过刚刚掌握了它们最简单的那一部分，其余的还有待我们继续进行深入的研究。

猴类和猿类中的"杀婴行为"

动物王国中最引人注目的攻击行为之一就是"杀婴行为"，即同类杀死还未独立的幼崽。"杀婴行为"很普遍，甚至人类也曾经存在着某种程度的"杀婴行为"，无论是在狩猎采集时期还是农耕时期，不过现在这样的行为已经很少见了。

动物的"杀婴行为"可以追溯到古希腊时代，但直到20世纪60年代，关于非人类的灵长类（南亚的长鼻猴）的"杀婴行为"才被记录下来。长鼻猴生活的群体通常由一只生育期的雄性、几只成年雌性和它们各个年龄段的后代组成，其中包括需要照料的幼崽。现有的雄性统治者会周期性地死亡或被群体中的其他单身雄性取代，然后，取代它的雄性就会试图杀死群体内的部分幼崽。

从那以后，人们在许多灵长类动物当中都发现了"杀婴行为"，包括几种狐猴、吼猴、叶猴、长尾猴、狒狒，以及山地大猩猩和黑猩猩。"杀婴行为"通常发生在雄性身上，在新来的雄性进入群体之时最有可能发生。在红吼猴、山地大猩猩和南非大狒狒这样的灵长类当中，"杀婴行为"是幼崽死亡的主要因素，占到了25%～38%。

"杀婴行为"及其发生的原因一直都是极具争议的话题。一种观点认为，"杀婴行为"是一种异常行为，它一般是由过度拥挤或其他反常的情况造成的——这就是社会反常假说。然而，对于长鼻猴来说，"杀婴行为"一般都在雄性统治者更替以后发生，即使在种群的密度已经很低的情况下。

一种新的解释考虑了雌性灵长类生物学特征的一个重要方面。哺乳和

养育幼崽会长时期地抑制雌性的排卵，因此，怀孕或带幼崽的母猴是不能够怀上新来雄性的后代的。雄性通常只有很少的机会繁殖，因为其他雄性总是想要篡夺它们的统治权。"杀婴行为"是一种策略，它能够使雌性更快地回到可受孕的状态，这比等到它们的幼崽断奶要快多了。比如对于南非大狒狒来说，雌性从生下幼崽到怀上下一胎，中间要间隔18个月，但如果幼崽死掉了，雌狒狒通常会在5个月之内再次怀孕。雄性除掉非亲生的后代之后也会获得其他的一些好处，比如说减少食物竞争，但这似乎不是主要的动机，因为雄性很少攻击刚断奶的幼崽和先前的雄性已经独立的后代。

另一种观点声称，雄性的更替过程中会发生攻击行为，而"杀婴行为"只是攻击行为的意外副作用。该论点认为，在一只新的雄性为建立统治权而发起的攻击行为中，幼崽更容易成为攻击对象并受到致命的伤害。然而，从尼泊尔拉姆那嘉地区长鼻猴的粪便中提取的DNA证明，"杀婴"的雄性并不是毫无规律地杀掉幼崽，它们专门以其他雄性的幼崽为目标。但现在还需要进行更多的遗传性研究来考察"杀婴"的灵长类动物是否会与雌性生下自己的幼崽。

根据资料记录，灵长类的"杀婴行为"主要发生在单雄性的群体当中，但最近的研究发现，该行为在多雄性的背景下也时有发生。例如，南非大狒狒的社会群体包括3～10只成年雄性，20多只成年雌性以及许多年轻狒狒。当一只新来的雄性取得群体的统治地位后，它就会试图杀死这里的幼崽，然后与恢复排卵的雌狒狒交配。大约有1/3～1/2的新进统治者会以这种方式"杀婴"。

这些证据表明，雄性狒狒的"杀婴行为"是一种适应性的繁殖策略。然而，对于生活在东非的橄榄狒狒来说，该行为要少见一些。导致这种差异的原因还不清楚，但有一个因素似乎是最重要的：南非大狒狒的雄性统治者大概只有短短7个月的统治时间，而橄榄狒狒的统治地位能够维持1～4年。因此，后者有更长的时间使雌性怀孕，而前者必须迅速地拥有自己的后代。正是这个原因，雄性才会杀死"他人"的幼崽，从而增加自己繁殖的机会。

然而，在另一种多雄性的黑猩猩社会群体中，"杀婴行为"仍然是一个谜。没有一种假设能够清楚地解释黑猩猩"杀婴"的模式。上述的3种假设都适用，除此之外还有一种可能性就是，幼崽可能会被用做食物。在一些案例中，雄性会杀掉邻近群体的幼崽，但是它并不能得到明显的繁殖优势，因为幼崽的母亲不会迁移到"杀婴"雄性的群体当中。在已报道的人类案例当中也是这样，杀死婴儿的行为似乎与男人的繁殖竞争毫无关系。杀掉婴儿的决定通常是由婴儿的母亲或父亲做出的，这就意味着父母对生育的控制可能才是根本的原因。即便是发生在继父继母身上的杀婴虐待行为——正如文艺作品或民间传说所描绘的那样——也更可能是因为他们不愿意为别人的后代投入资源，而不是想通过除掉小孩来获得直接的性交优势。

据观察表明，存在于雌性和雄性之间的社会联结能够阻止"杀婴行为"。当一只雌性南非大狒狒产崽以后，它通常会在群体内挑出一只特定的成年雄性与之建立"伙伴关系"。它会紧紧地靠近选定的那只雄性，不断地尾随其后，更多地为雄性梳毛，并只允许其触摸幼崽。养育后代的雌狒狒为什么会与一只雄性建立这种联系？至少对于南非大狒狒来说，它们是为了防止"杀婴"，因为其雄性伙伴与群体其他成员相比更有可能保护幼崽。除此以外，当有雄性伙伴插手帮助的时候，新进的雄性统治者发起的"杀婴行为"更有可能失败。比如最近的一项研究发现，在雄性伙伴直接介入的所有案例当中，新进统治者发起的攻击都未能伤害到幼崽，而雄性伙伴不在场的案例当中，受到攻击的幼崽有2/3受到了严重的或致死的伤害。

这些雄性伙伴是否是它们所保护的幼崽的父亲，现在还不清楚，但是只要获得遗传学数据，这些问题无疑会变得清晰。如果它们不是，那么它们的"友好"行为可能会增加将来与雌性伙伴生育后代的机会。

虽然"杀婴行为"看上去是一种负面和"反社会"的行为，但它最终能够促进表面上积极的社会关系以及雌性与雄性之间的"伙伴联结"的进化。这种可能性甚至在解释人类和其祖先的"杀婴行为"时也是有效的。

虎鲸的狩猎策略

岩岬周围潮流涌动，20只虎鲸并肩排成一排，互相间隔50米，迎着潮流慢慢地靠近岬边。这些鲸在水面下方慢慢地游动，只是偶尔浮上来呼吸空气，并用长长的椭圆形鳍状肢和尾鳍拍打水面。在水下，拍打声听起来就像是消了音的枪声。先是一声长而颤抖的哨声，随后又被像是来自印度集市的号角发出的雁叫般的声音打断，最后它们就开始井然有序地汇集到猎物那里了。它们的猎物是数千只一群的太平洋粉红色大马哈鱼，这些大马哈鱼正被赶向岩石和咆哮的水流之间。在数分钟之内，这些鲸就有效地困住了这群鱼，然后它们开始在外围一条接一条地吞下这些每条重达3千克的鱼。之后，这些鲸似乎对狩猎失去了兴趣，开始在水中懒洋洋地打滚，有时甚至偷偷"跳"起来向四周看看，看着岬边那些载满大马哈鱼的渔船。随着水下另一声哨声和雁叫般的声音，所有的鲸又同时潜入水中，5分钟后重新出现在岬的另一边。它们结成紧密的群体逆流而去，渐渐远离了渔船。这些虎鲸保持着紧密的阵形，经过2个小时安静的漫游，来到了另一个岩岬，又上演了另一场协作狩猎的"好戏"。

虎鲸是海豚科体型最大的成员。成年雄性虎鲸长达9米，背上有标志性的背鳍，竖直的背鳍高达2米，是所有鲸中背鳍最大的。成年雌性虎鲸稍微小一些，背鳍约70厘米高。由于后天损伤和遗传的影响，不同的虎鲸背鳍形状不一。

虎鲸背部的颜色为明显的黑色，腹部为白色，眼睛上方有一块白斑，背鳍的后下方有一块灰色的鞍状斑纹。由于它们背鳍的形状和鞍状图案多种多样，我们在世界的任何地区都可以识别和研究每一个虎鲸的个体，再加上DNA的证据，我们就可以深入地了解虎鲸在水下世界的生活情况了。

虎鲸群由雌鲸和它的后代组成，这些后代会世世代代地生活在一起。鲸群里面的成年雄性一般只是群体其他成员的"儿子、兄弟或叔叔"，并不是人们以前认为的那种"一雌多雄"的关系。虎鲸会到自己家族或母系以外的群体去交配。由于这些家族群体会长期聚集在一起，再加上猎物的分布也在变化，结果就形成了捕食特定类型猎物的专门化的群体或生态型。

虎鲸能吃许多种猎物，但一般主要捕食当地丰产的猎物。各地丰产的猎物的体形及数量并不相同，这会影响到捕猎形式的变动，也能改变群体的最佳规模，甚至是虎鲸自己的身体形态。所谓的北美洲"短驻"虎鲸，主要吃海豹和其他海洋哺乳动物。它们以小群的形式活动（平均3头），但是常常单独捕猎，体型比前面提到的专吃大马哈鱼的"常驻"虎鲸要大。在挪威，吃鲱鱼的虎鲸常常形成巨大的群体一起觅食，其中的许多鲸群会一起协作，将成千上万的鲱鱼团团围住；而在阿根廷海滨单独捕食幼海豹的虎鲸又是另一个生态型了。

雌性虎鲸通常在十几岁时达到性成熟，它们能够活50～100岁。雄性成熟得晚一些，死得也早一些。一头成年雌性能够每3年生1胎幼崽，直到大约40岁才停止生育。雌性虎鲸的怀孕期要持续15～17个月，照料幼崽也要将近1年。雌性在生育期内大约能够生下5个能存活的幼崽，但不是所有幼崽都能活到成年。过了40岁以后，雌鲸就会承担起群体内幼鲸的"保姆"和"教师"的社会角色。

有一些虎鲸群会为了追踪猎物而迁移数百千米，而另一些虎鲸群却常年生活在食物丰富的地方。作为顶级的掠食动物，虎鲸的数量不多，但是

由于好多群虎鲸聚集在一些常年或季节性食物丰富的地方，会给人一种错觉，认为它们的数量相当多。

在当今世界，处于食物链顶端有一个明显的劣势，就是污染物会在猎物体内聚集，最终影响到掠食者。在北美洲西北部的太平洋，"常驻"和"短驻"的虎鲸体内都发现了多氯联苯，这会导致其生育率的降低和种群生存能力的下降。

吸血蝙蝠间的"利他行为"研究

在众多种类的蝙蝠中，没有比吸血蝙蝠更多受到人们误解的了，它们甚至让人感到恐惧。世界上总共有3种吸血蝙蝠，生活在中美洲和南美洲，都是以血液为生。小吸血蝠和白翼吸血蝠偏好吸食鸟类的血液，因此适宜爬树，会到树杈上寻找待在窝里的雏鸟；普通吸血蝙蝠则喜欢哺乳动物的血液，通常出现在牛、马和其他家畜身旁，如果那个地方没有家畜，普通吸血蝠就会转向吸食貘、鹿、刺豚鼠和海狮等哺乳动物的血液。

人们恐惧吸血蝙蝠是有理由的，因为它们有时还会攻击人类。比如在一个地区没有了家畜后，它们常常就会攻击人类。其实吸血蝙蝠咬到人时，人并不会感觉到多么疼痛，但一旦被其咬伤，就可能被传染上麻痹型狂犬病。由于吸血蝙蝠自身也容易感染这种病毒，所以它们的种群数量会经历周期性的巨大波动。尤其是吸血蝙蝠还有一种分享血液的行为，也就是吸食了充足血液的个体会给饿着肚子的同伴"反刍"血液，因此，一旦有一个同伴感染了某种病毒，通过唾液传播的病毒必然会传染到其他同伴身上，其中包括狂犬病毒。

吸血蝙蝠的血液分享行为是在动物中极少出现的互惠行为，可以称

之为"你帮我、我帮你的投桃报李行为"。要想理解吸血蝙蝠为何要冒着被感染狂犬病的生命危险互相分享食物，就必须要了解这些不同寻常的生灵的社会组织结构和生命历程。

普通吸血蝠常常以洞穴、涵洞、管道或树洞作为白天的栖息所。在这些场所里，有时会聚集2000只以上的个体，即使小型的最普通的群体也包含20～100只吸血蝠。在一个群体内，10～20只雌性会结成一个个更小的次级团体，栖息在一个地方常常达好几年。这些雌性中有一些有亲缘关系，因为雌性后代在出生后第二年达到性成熟时仍然会与母蝙蝠待在一起。当然，它们中间也包含一些没有亲缘关系的成员，这是由于有一些成年雌性偶尔会在白天转换它们的栖息场所而进入其他小团体中。雄性也会组成小团体，达到10个成员的雄性小团体也并不鲜见，但是它们之间都是没有亲缘关系的，团体维持的时间也不会很长。出生10～18个月的年轻雄性会分散离开出生的团体出去单过，常常是与出生团体中的成年雄性打斗之后离开。一个典型的小团

体是这样的：一只成年雄性与一群雌性及其幼崽栖息在一处，而在它们的旁边"悬挂"着其他的雄性，这些雄性会定期地进行争斗以获得接近雌性的机会。一般来说，这只成年雄性能成为该团体中一半幼崽的父亲，而且能占据这个位置大约2年的时间。因此，普通吸血蝠的典型团体包含少数几只没有亲缘关系的成年雄性、一些具有亲缘关系的雌性及其幼崽。

从这个方面来说，吸血蝙蝠会比其他蝙蝠花费更多的时间在照料幼崽上。雌性吸血蝙蝠一胎所生的幼崽总体重接近自身体重的20%，而它们的自身体重只有30～35克。尽管吸血蝙蝠幼崽在出生时就能活动，但是它们生长得比较慢，哺乳期超过6个月。母吸血蝙蝠会给它们的幼崽补充其他食物，如会在幼崽出生后不久给它们"反刍"血液，幼崽在出生的头一年内会定期地得到母吸血蝙蝠"反刍"的血液。幼崽出生6个月后可以开始飞行，但到1岁时才能达到成年蝙蝠的体重。

普通吸血蝙蝠通过气味和声音发现猎物。栖息在一个团体内的雌性会在邻近的地区活动，并且会保卫自己的领地，把其他的蝙蝠驱逐开。但即使在猎物非常丰富时，成功地得到"血液大餐"也是较为艰难的。为了咬住猎物并获得血液，一只吸血蝠首先必须选定猎物较为温暖的部位，因为那里的血管接近皮肤，易于咬开。吸血蝙蝠会用鼻尖处的"热感受器"来锁定这一温暖部位，然后用其剃刀般尖锐的门齿咬开猎物的一小块皮肤。吸血蝙蝠的唾液中含有抗凝血剂，可以使血液顺畅地流出，从而用舌头舔食。吸血蝙蝠的"采血技术"需要学习才能掌握，那些1～2岁的年轻吸血蝙蝠平均每3晚会有1晚不能成功地采到血，而2岁以上的10晚才失败1晚。失败的原因是被攻击的动物非常警觉，有时会极力地挣脱咬在它们身上的吸血蝙蝠。有的时候，年幼的吸血蝙蝠会跟着母吸血蝙蝠同时或随后吸食猎物的同一处伤口，而且会在随后的晚上连续吸食同一猎物的同一伤口。这种现象并不奇怪。

如果一只吸血蝙蝠采血行动失败，它就会返回栖息地，向同住的伙伴请求支援，舔伙伴的嘴唇而获得血液。采血成功的伙伴对失败者的"捐赠"取决于两者的亲缘关系和联系。

对于吸血蝙蝠来说，没有采集到血液是非常危险的，如果连续3天内喝不到血它就会饿死。由于饥饿中的吸血蝙蝠体重下降速度比最近喝到血液的吸血蝙蝠慢，血液的受纳者所得到的存活时间比捐献者所损失的时间更长一些，因此，分享血液的行为对于参与者整体来说会获得净利。如果没有了这种互惠行为，吸血蝙蝠每年的死亡率会超过80%，虽然人们知道有些雌性吸血蝙蝠会在野外生存15年以上。

对于捐献者来说有一个问题，就是如何确定受纳者是个诚实的"人"而不是"骗子"，即当捐献者遇到麻烦的时候它会不会以同样的方式回报而不是拒绝。吸血蝙蝠为此采取的一个方法，那就是互相梳理毛发，这个时候至少可以判定对方的饥饿程度，因为吸血蝙蝠成功地吸食血液之后，在30分钟内体重的一半以上都是血液，这会导致胃部的膨胀。通过相互梳理毛发，一方就会发现另一方胃部的膨胀，而相互梳理毛发的工作会在分享血液之前来做。由于相互梳理毛发与血液分享的行为只发生于同居一处的可以信赖的成员之间，同伴的忠诚度看起来就对维持这种令人吃惊的交换血液的互惠体系非常重要。

龟、蜥蜴等爬行动物会沉迷于玩耍吗？

对于所有喜好爬行动物的人来说，他们通常不会认为爬行动物的智力水平、认知能力或者"情商"很高。但这种观念近年来已开始改变，因为这些动物具有学会许多事情的能力，包括它们知道逃生和迁移的路线，它们甚至能够辨识同种类中的某个个体及其饲养者，而这些能力也

都逐渐被人类所认可。

尽管这样，但有关爬行动物心理方面的调查研究仍然不受重视。在这些轶事中，动物有一个关键的行为既迷住了那些喜欢养宠物猫和宠物狗的人，同样也迷住了参观动物园中哺乳动物的游客，这种行为就是顽皮。"顽皮"明显不是（如果曾经是）一个用来描述爬行动物的典型词语，大多数爬行动物不像许多哺乳动物一样可以持续且充满精力地玩耍，但事实上，有一些爬行动物看起来却是例外。

它们怎样的行为算是玩耍，我们怎样来识别？一个有助于我们理解爬行动物玩耍的总结如下：玩耍是一种重复的给予自身的奖赏，但不完全是一种功用性行为，它在结构、内容上以及个体发生的情况上与更有目的的行为有很大的区别，是动物处于放松或无压力状态时才会产生的一种行为。动物的玩耍行为通常包括3种：运动玩耍、物体玩耍以及社会性玩耍。运动玩耍包括跑、跳以及打滚。物体玩耍体现在动物推动、撞击、紧抱、撕咬或摇晃物体的时候，物体玩耍通常跟捕食行为相关，比如当猫重复扑向一个小的、移动中的且行动缓慢的物体，或者重复逮住，然后放走活的猎物。社会性玩耍的典型事例包括同伴间或与父母的追逐嬉戏，但是也会包括与熟悉的人类的玩耍，如人与狗之间具有玩耍性质的交互行为。

在龟、蜥蜴、蛇或鳄鱼中存在可以和上述玩耍行为模式类比的任何模式吗？尼罗河软壳龟会用它们的口鼻部撞击漂浮在它们栖息的水池上的篮球或塑料瓶，或者会游过铁环，以及与饲养者玩拔河游戏——在多伦多动物园和华盛顿国家动物园中，人们在这种极少由人工饲养的动物中已观察到这种行为的发生。人们在红海龟以及绿海龟中也观察到它们与物体玩耍的情景。另外，木雕水龟被观察到会像水獭一样重复地从斜坡上滑到水中去。

科摩多巨蜥和其他一些种类会更加精力充沛地、重复地玩耍物体。据报道，伦敦动物园的一只科摩多巨蜥推动着饲养员留下来的一个铁铲并绕着笼子行走，它明显被铁铲滑过岩石地面所发出的声音吸引住了。在国家公园中，一只小的雌性科摩多巨蜥会抓住和摇晃各种不同的东西，包括玩具、废汽水罐、塑料环以及篮子，这些物体并不会被这只科摩多巨蜥跟食物混淆在一起，因为只有把老鼠血涂在这些物体上时，它才会试图吞下它们（在这种情况下，它会变得非常警惕，即使对待它平时很亲近的饲养员也是如此）。它也会重复地把头钻进盒子、鞋、篮子和其他物体中，这样做看起来只是为了寻求这种经历所带来的刺激。社会性玩耍表现在爬行动物与物品的接触上，如通常抓住饲养员拿在手上的东西玩拔河游戏，或者表现出很顽皮的样子与饲养员玩耍。通过观看它的行为录像的快速回放可发现，把这种行为与哺乳动物的玩耍模式相区别是很难的。

由于具有高级的亲代照料方式，而且与鸟类有紧密的亲缘关系，所以鳄鱼也被认为是可能会玩耍的动物。而实际上，根据对一只美洲短吻鳄的野外观察发现，这只鳄鱼重复地绕着圈爬行，然后突然爬到水池中一个拧开的水龙头前，并对着水流猛咬起来。这种行为并不是为了获取食物，看起来更像是对捕食行为的一种模拟，就如同猫所表现出来的行为一样。

对爬行动物社会性玩耍的记录没有其物体玩耍的记录详尽。新孵化的中国棱蜥所表现出的最基本的摇晃头部与玩耍行为很相似，具有同样行为的还有新出生的双角变色龙的摔跤行为。记录得最详尽的社会性玩耍行为可能是在北美的红肚龟中出现的早熟的求偶行为，这种行为包括雌雄两性中未达到性成熟的个体，一般是雄性，向别的个体甚至物体摆动前爪。由于已有记录显示哺乳动物中的大多数"打闹"更具有求爱的性质而不是侵略的性质，所以这些红肚龟中存在的早熟性行为可能也是一种玩耍。至今，人们还没有观察到任何一种蛇具有上述典型的玩耍模式，它们甚至不如许多蜥蜴的行为活跃。

至今记录的玩耍行为的例子大多发生在体型大且寿命长的种类，或具有

相对复杂的捕食行为和社会行为的种类中。由于成体有时候也会进行玩耍行为，所以这种行为不能简单地被视为成年之前进行的一种捕食练习。

玩耍行为在喂养的圈养动物中经常发生，而在艰苦环境中生长的动物则相对来说较少，这应该是对无聊和刺激因素的丧失而产生的一种反应。即使这是事实，但也没有道理认为这种活动是不重要的。事实上，人类饲养的哺乳动物和鸟类经常需要找乐子一样，许多爬行动物也可能有类似的要求。由于我们缺乏对爬行动物认真投入的了解，所以，短时间内，我们也许不能观察到爬行动物与其他脊椎动物的共同性，同时，我们还忽视了为这些动物提供一个能发展其行为和满足其心理上潜在需求的环境，而实际上这很重要。

第六章　探寻植物不为人知的密码

为什么含羞草会"害羞"

在自然界，有一种草叫含羞草，你只要轻轻地碰它一下，它的叶子就会立即闭合起来，紧接着整个叶子都会垂下去，显得很"害羞"的样子。你知道为什么我们故意或不小心碰到含羞草，它就会"害羞"地低下头吗？

原来，在含羞草的叶柄基部，有一个较为膨大的组织，叫作"叶枕"。叶枕里充满着水分，经常胀得鼓鼓的，保持着很大的压力，而且，下半部比上半部压力大。当人用手指碰一下含羞草，它叶子受到震动，叶枕下部细胞中的水分就会立即向上部和两侧流去。于是，叶枕下部凹陷，上部鼓起来，

小叶相互合拢，叶柄低垂下去，就像姑娘害羞似的。但过一会儿，它又逐渐恢复原状。"含羞草"就是这样得名的。

含羞草对外界刺激十分敏感，用冰块接触它的小叶，或者把香烟的烟雾喷在它的叶片上，它都会发生反应。有人观察发现，含羞草传达刺激的速度为每分钟10厘米左右，可以通过茎传达到距离50厘米的叶柄和叶片。

含羞草如此敏感，对它的生长是十分有利的。含羞草的老家在巴西，那里经常刮狂风下暴雨，它有了这种特殊的本领，就可以避免被风雨的无情摧残。

为什么有些植物需要午睡

人需要通过午睡来缓减疲劳，那么，植物是不是也需要"午睡"？不少科学家经过研究发现，假如外界的光、温度以及水分条件相当好，许多植物从早到晚光合作用的日常变化一般是上午从低到高，而下午的光合作用变化由高变低。即在普通情况下，植物并没有"午睡"的习惯。

但是，小麦、大豆等各种植物，当空气和土壤干燥或气温过高时，叶子会迅速失水，从而引起气孔的保护性暂时关闭，来减少水分的消耗；与此同时，由于二氧化碳供应减少，从而使光合作用的速度降低，并且出现了光合作用的"午睡"现象。这些植物光合作用的日变化是：上午光合作用的变化速率由低到高，而在中午因为强光高温且水分不足，气孔关闭，这就是光合作用降到最低值的原因，下午也会有一点回升，而后又因为光线不强烈及气温下降而开始降低。现在，对植物"午睡"的原因有多种说法，但大家一致的看法是：大多是因为水分不足而引起的。也有人说中午时对小麦喷水，发

现能够减轻或消除"午睡"现象，而且有利于光合作用的进行和产量提高。

植物这种光合作用的"午睡"现象，仅仅是在环境因素威胁下的一种属于被动的适应调节，"午睡"的结果是减少了许多有机物的合成，对各种植物的生长发育以及人们期望得到的高生产量是不利的。

植物有感情吗

"人是有感情的"，言下之意，其他物种是不会有感情的。但是，在华特·迪士尼的动画片里，自然界的生物比人还有灵气。一旦危险降临，树木会把枝丫折回，灌木会蜷缩，花朵会合拢，野草会用叶子向远方的同伴传递信息。以前，人们只把它看成是植物的本能，一种对外部刺激的无条件反射。可是最近二三十年来的研究却使人们对上述的经典结论产生了怀疑，并提出了植物有感情，植物有喜怒哀乐，植物会说话，植物有心理活动等"奇谈怪论"，在植物学界掀起了探索植物心理奥秘的浪潮。更有甚者，提出建立"植物心理学"，专门研究植物的"类人"活动。

1.植物的情绪。1966年2月的一天上午，有位名叫巴克斯特的情报专家，正在给庭院的花草浇水，这时他脑子里突然出现了一个古怪的念头，也许是经常与间谍、情报打交道的缘故，他竟异想天开地把测谎仪器的电极绑到一株天南星植物的叶片上，想测试一下水从根部到叶子上升的速度究竟有多快。结果，他惊奇地发现，当水从根部徐徐上升时，测谎仪上显示出的曲线图形，居然与人在激动时测到的曲线图形很相似。

难道植物也有情绪?如果真的有，那么它又是怎样表达自己的情绪的呢?尽管这好像是个异想天开的问题，但巴克斯特却暗暗下决心，通过认真地研究来寻求答案。

巴克斯特做的第一步,就是改装了一台记录测量仪,并把它与植物相互连接起来。接着,他想用火去烧叶子。就在他刚刚划着火柴的一瞬间,记录仪上出现了明显的变化。燃烧的火柴还没有接触到植物,记录仪上的指针便开始剧烈地摆动,甚至超出了记录纸的边缘。显然,这说明植物已产生了强烈的恐惧心理。后来,他又多次重复类似的实验,仅仅用火柴去恐吓植物,但并不真正烧到叶子。结果很有趣,植物好像已渐渐感到,这仅仅是威胁,并不会受到伤害。于是,再用同样的方法就不能使植物感到恐惧了,记录仪上反映出的曲线变得越来越平稳。后来,巴克斯特又设计了另一个实验。他把几只活海虾丢入沸腾的开水中,这时,植物马上陷入极度的刺激之中。多次试验,每次都有同样的反应。

实验结果变得越来越不可思议,巴克斯特也感到越来越兴奋。他甚至怀疑实验是否正确严谨。为了排除任何可能的人为干扰,保证实验绝对真实,他用一种新设计的仪器,不按事先规定的时间,自动把海虾投入沸水中,并用精确到十分之一秒的记录仪记下结果。巴克斯特在3间房子里各放一株植物,让它们与仪器的电极相连,然后锁上门,不允许任何人进入。第二天,他去看试验结果,发现每当海虾被投入沸水6~7秒钟后,植物的活动曲线便急剧上升。根据这些,巴克斯特指出,海虾死亡引起了植物的剧烈曲线反应,这并不是一种偶然现象。几乎可以肯定,植物之间能够有交往,而且,植物和其他生物之间也能发生交往。

巴克斯特的发现在植物学界引起了轰动。但有很多人认为这令人难以理解,甚至认为这种研究简直有点荒诞可笑。其中有个坚定的反对者麦克博士,他为了寻找反驳和批评的可靠证据,也做了很多实验。有趣的是,他在得到实验结果后,态度一下子来了个大转变,由怀疑变成了支持。这是因为他在实验中发现,当植物被撕下一片叶子或受伤时,会产生明显的反应。于是,麦克大胆地提出,植物具备心理活动,也就是说,植物会思考,也会体

察人的各种感情。他甚至认为，可以按照不同植物的性格和敏感性对植物进行分类，就像心理学家对人进行的分类一样。

人们对植物情感的研究兴趣更趋浓厚了。科学家们开始探索"喜怒哀乐"对植物究竟有多少影响。

2.植物会紧张。在现代社会中，许多因素会使人神经紧张，比如忙碌、噪声、考试等等。科学家们发现，植物同样也会因生命受到威胁而紧张。植物在紧张时，会释放出一种名为"乙烯"的气体。植物越紧张，释放出的乙烯也就越多。人对这种气体是感觉不到的。美国科学家设计出了一种"气相层析仪"，可以测出植物紧张时释放出的极少量的乙烯。

研究人员利用"气相层析仪"进行测量发现，当空气严重污染、空气湿度太大或太小、火山喷发、动物啃吃植物的树叶或大量昆虫蚕食植物时，植物都会紧张，从而释放出乙烯气体。科学家们还发现，经常受到威胁而紧张的植物，它们的生长速度会减慢，甚至会枯萎。使用"气相层析仪"监视植物发生紧张的频繁程度和紧张的强烈程度，可以使种植者及时找出令植物紧张的原因，设法消除使植物紧张的因素。这样就可以大大增加收成。

3.植物与人感情相通。苏联科学家维克多做过一个有趣的实验。他先用催眠术控制一个人的感情，并在附近放上一盆植物，然后用一个脑电仪，把人的手与植物的叶子连接起来。当所有准备工作就绪后，维克多开始说话，说一些愉快或不愉快的事，让接受试验的人感到高兴或悲伤。这时，有趣的现象出现了。植物和人不仅在脑电仪上产生了类似的图像反应，更使人惊奇的是，当试验者高兴时，植物便竖起叶子，舞动花瓣；当维克多在描述冬天寒冷，使试验者浑身发抖时，植物也出现相应的变化，浑身的叶片会沮丧地垂下"头"。

4.植物爱听音乐。有一位科学家每天早晨都为一种叫加纳菇茅的植物演奏25分钟音乐，然后在显微镜下观察其叶部的原生质流动的情况。结果发现，在奏乐的时候，原生质运动得快，音乐一停止即恢复原状。他对含羞草也进行了同样的实验。听到音乐的含羞草，在同样条件下比没有听到音乐的含羞草高1.5倍，而且叶和刺长得满满的。

其他科学家们在实验过程中还发现一个有趣的现象：植物喜欢听古典音乐，而对爵士音乐却不太喜欢。美国科学家史密斯对着大豆播放《蓝色狂想曲》，20天后，每天听音乐的大豆苗重量要比未听音乐的大豆高出四分之一。

看来，植物的确有活跃的"精神生活"，轻松的音乐能使植物感到快乐，促使它们茁壮成长。相反，喧闹的噪音会引起植物的烦恼，生长速度减慢，有些"精神脆弱"的植物，在严重的噪音袭击下，甚至枯萎死去。

5.了解植物的心理。为了能更彻底地了解植物如何表达"感情"的奥秘，不久前，英国科学家罗德和日本中部电力技术研究所的岩尾宪三，特意制造出一种别具一格的仪器——植物活性翻译机。这种仪器非常奇妙，只要连接上放大器和合成器，就能够直接听到植物的声音。

研究人员根据对大量录音记录的分析发现，植物似乎有丰富的感觉，而且在不同的环境条件下会发出不同的声音。例如，有些植物的声音会随着房间中光线明暗的变化而变化，当它们在黑暗中突然受到强光照射时，能发出类似惊讶的声音。有些植物遇到变天、刮风或缺水时，会发出低沉、可怕和混乱的声音，仿佛表明它们正在忍受某种痛苦。在平时，有的植物发出的声音好像口笛在悲鸣，有些却似病人临终前发出的喘息声，还有一些原来叫声很难听的植物，当受到温暖适宜的阳光照射或被浇过水以后，声音会变得较为动听。尽管有以上众多的实验依据，但关于植物有没有情感的探讨和研究，迄今还没有得到所有科学家们的肯定。不过在今天，不管是有人支持还是有人反对、怀疑，这项研究已成为一门新兴的学科——植物心理学。在这门崭新的学科中，有无数值得深入了解的未知之谜，等待着人们去探索、揭晓。

为什么老树空心也能活

　　在公园里，我们也许会看到有些老树的树干空心了，但还长着许多枝叶。原来植物有两条运输营养的运输线，其中有一条是木质部，木质部只负责将根部吸收上来的无机物质以及水分一起送到叶片，在叶片里加工成有机物质；而另一条运输线是皮层中的韧皮部，韧皮部由上而下地不断把叶片制造的有机养分一直运往根部，以便更好地供植物生长的需要。所以，植物才可以保持旺盛的生命活力。

　　在任何一棵植物中，这两条运输线都是由无数的管道组成的，一棵空心老树有些部分腐烂，可是有些部分还是好好的，也就是说，这棵空心老树的运输管道还没有完全被破坏，这样，这棵老树依然可以有营养供给，能够生长发育。当空心老树的树皮全都被剥去以后，叶片就会因为得不到养料，而根就没有了养分的充分供给，老树就会死亡。

为什么有的植物会发光

为什么植物也会发光？自然界里有许多很难解释的现象，当它们被解开时，也就"平淡无奇"了。通常除了太阳发光、月亮反光、星光、电光、物质燃烧发光等自然现象以外，我们经常会议论的不好理解的发光现象还有：树桩为什么发光，深海生物为什么能发光，为什么有的昆虫也发光，鱼类发光是怎么回事，等等，这些现象都能激起人们探索的兴趣。

这里，我们先来看看哪些植物能够发光？为什么它们能够发光？

通常来说，能强烈发光的植物大多是某些低等的菌类植物（如细菌、真菌和藻类植物）。有时某些高等植物绿色细胞里所含有的叶绿素等物质也会发光，但我们必须用仪器才能检测到，人的眼睛无法发现。平时，我们也会见到一段发朽的树桩、木块，能够在黑暗中发出蓝白色的荧光，这种荧光经常在阴雨天显现得更为明显，干旱时荧光较为晦暗。人们曾在江苏省丹阳市某村子里的水田边，发现一些柳树桩能够在夜晚闪烁着幽幽的浅蓝荧光。刚发现这种现象时人们大都觉得很奇怪，不知道为什么。后来，生物学家们研究发现，这些枯死的树桩已被假蜜环菌所寄生，它能使木材腐烂，假蜜环菌的菌丝侵染了木材纤维以后，还分泌一些能分解木材的酶，这些酶可以将纤维素、木质素转化为真菌能够吸收的小分子物质，像葡萄糖、酚类等各种营养物。假蜜环菌的菌丝细胞得到这些食物后就开始不停地繁衍、长大，同时积累大量能够用来产生荧光的物质。这些带荧光的物质在荧光酶的催化作用下进行生物氧化，并把化学能转化为光能，就是我们看到的这种生物光了。长期生活、工作在海里的船员、海军经常会在天气晴朗的夜晚看到海面上呈

现一大片蓝绿色或者乳白色的闪光，人们把这种现象叫作"渔火"。这种"渔火"其实就是海里藻类、细菌和某些海洋浮游生物大量聚在一些而形成的人们肉眼能看到的生物光。

这种生物光是一种高效率冷光，它的光能转换率大于90%，而通常我们使用的白炽灯、日光灯的光能利用率相当低。这种生物光的波谱成分十分柔和，适合于人的眼睛，没有刺激作用，仿生工程师能够通过研究以及模拟这种生物光制造节能煤和节能电源。

为什么植物的茎向上长，根向下长

如果我们善于观察的话，会发现这样一个现象，那就是任何一颗发芽的种子，它的根都是向下长，而茎总是向上长的。即使你有意将它们倒置过来，经过若干天后，它们的根仍会向下弯曲，而茎又向上弯曲生长了。造成这种现象的原因，是地心的引力作用。植物体内含有一种生长素，这种生长素浓度低时，可以促进根生长，浓度高时，抑制根生长，但却促进茎生长，浓度更高时则抑制茎生长。当植株平放时，由于地心引力的作用，生长素就移向下侧。这样，茎部下侧的生长素浓度增大，生长比上侧快，使茎尖向上弯曲；根部下侧的生长素浓度高，起到了抑制生长的作用，生长比上侧慢，使根尖向下弯曲。

如果把植物带到太空，由于地心引力消除了，就不会出现上述现象。在太空，植物往往毫无方向地散乱生长。

见血封喉树是怎么回事儿

好可怕的名字，既见血，又封喉，果然有那么厉害吗？

1850年的一天，黎明前，薄薄的晨雾笼罩着加里曼丹岛伊兰山脉附近的一座小山村。村子里静得有些异常，连孩子的哭声和狗叫声也听不到。原来，英国殖民者已在该岛的北部沿海登陆，很多迹象表明，英军将要进攻这个小山村。妇女和儿童隐藏至密林深处，其他村民都在紧张备战。一部分人小心翼翼地将一棵大树的树皮划开，树破口处很快渗出一种黏黏的白色浆汁，人们把浆汁集中于盛器。另一部分人将植物的硬茎削成箭头，然后把箭头浸泡在浆汁中。不大一会儿，一支支药箭便制成了。雾气渐渐散尽，山村的面貌已显现出来。在这个群山环抱的村庄里，只有一条小路通向外界，周围全是莽莽苍苍的原始森林。那被割取乳汁的大树，当地人叫它"胡须树"，它树干笔直高大，树冠如一朵朵绿云"浮"在半空。最出奇的是"胡须树"的板状根。由于树干粗壮，热带地区又常刮大风，下暴雨，所以胡须树常常长出粗壮的板状根，如火箭后部的翼片支撑着硕大的树干。

突然，"咚咚"的鼓声响了起来，这鼓声意味着有人已经发现了敌人。村民们马上躲进一人多高的草丛，做好了战斗准备。来犯的是英国侵略者，他们一个个趾高气扬，对鼓声充耳不闻。对于他们来说，攻下面前这个小小村庄，还不是"小菜一碟"。所以，他们依然排着整齐的队伍，敲着军鼓，吹着洋号，神气活现地走着。

忽然，从道路两侧的丛林中，无数支箭嗖嗖地朝英军士兵射来。起初，英军士兵并不把这些飞箭放在心上。然而，慢慢地，他们发现不对劲了：中箭的人一个个倒下去后就再也没有了声息。英国人发现，凡是被这种箭射中

的人，都无一幸免地倒地死亡。英国士兵以为碰到了魔鬼，忙不迭地背着伤员，狼狈地逃窜。

从那以后，进犯加里曼丹岛的英国士兵只要一听到鼓声，便会吓得浑身像筛糠一样抖个不停。人体化验的结果表明，这些中箭的士兵全都是死于共同的因素：血液凝固，心跳骤停，肌肉松弛。原因是，"胡须树"的树汁中含有剧毒的强心甙，它们进入血液后会造成致命的后果。

后来，植物学家终于弄清了"胡须树"的身份。原来，它就是大名鼎鼎的"见血封喉"。了解见血封喉的人，都知道它的厉害，如：若是有人割破了树皮，不小心把流出的乳白色汁液弄到眼睛里，眼睛即刻就会失明；不小心误食，心脏很快便停止跳动。即使不慎沾染树叶燃烧所产生的烟气，身体也会受到极大的损害。

科学家告诉我们，"见血封喉"又叫箭毒树，这种桑科大乔木，树叶常绿，树干可长到25~30米高。它们挺拔粗壮，树冠亭亭如华盖。"见血封喉"的叶子呈长椭圆形，有10余厘米长，特别是幼嫩枝叶上，每每长出许多又粗又长的"毛发"。这种"毛发"酷似男子下巴上的胡须，"胡须树"的名称就是这样来的。"见血封喉"开的黄花很小，很香，且有雄花和雌花之分。花谢后，枝条上就慢慢结出梨形的芳香果。果肉渐渐成熟，颜色会变得鲜红鲜红的，十分好看，但不宜食用。

"见血封喉"主要产于赤道附近的热带地区，从上述可知，"见血封喉"的树汁含有剧毒的强心甙，但是，有毒的强心甙，若剂量控制得当，可以发挥明显的强心作用，成为救命药。

为什么有些豆子会跳

在墨西哥的大小街头，经常会看到许多孩子围着小商贩购买一种呈褐棕色、大小与普通松子大小相同的"豆子"。那么这种豆子又有什么奇怪的地方呢？原来，这种豆子自己会跳！它是一种热带植物的种子，属于大戟科。可是这种豆子没长腿，为什么会跳呢？

原来，这种豆子里隐藏着一种虫子——一种类似小蛾的幼虫。由于这种虫子的幼虫肥大，最后一对腹足牢牢抓住种子内壁，而当它的身子快速向上弓起时，种子的重心就会随着它的身子上移，因此，种子就跳了起来。温度越高，虫子活动越剧烈，种子跳得也越高。不过，它跳动两个月以后就不再跳了，因为幼虫两个月后便结茧了。这里也有一个谜——豆子一点没有变坏，那么虫子又是如何钻进豆子里去的呢？经过人们长期细心地不断观察，发现在植物开花最盛的时候，昆虫通常就把卵产在了花的子房里面。当花的子房长成了果实之后，虫卵也会逐渐孵化成幼虫。这样一来，果实（豆子）上并没有什么洞，但虫子却住在豆子里边了。

为什么腊梅在冬天开花

大多数植物都在春天或夏天开花，到了寒冷的冬天，许多树木上的叶子都落掉了，更别说开花了！

可是腊梅却与众不同。它在温暖的季节里只长叶子不开花，偏偏要到寒冷的冬天，才在光秃秃的枝头上，开出许多金黄色的小花朵，散发出浓浓的香气。

原来，各种树都有不同的生长季节和开花习惯。腊梅不怕寒冷，0℃左右是最适合它开花的温度，所以腊梅总是要到冬天才开花。

植物有嗅觉吗

　　荷兰瓦赫宁恩农业大学的科学家马塞尔·迪克发现，当植物受到害虫攻击时，就能分泌出一种气味来提醒其他植物开始产生让害虫讨厌的气味。迪克使用风筒将受攻击的植物发出的气味引向健康的植物，健康的植物在"闻到"或"听到"警告后便迅速开始释放特殊气味。迪克还发现，当利马豆受到红叶螨的攻击时，它便释放出一组化学物质，其中包括甲水杨酯，它可以吸引食肉螨赶来吃掉红叶螨。

　　植物从还是种子时就具有出色的嗅觉。即便是埋在土里的最微小的种子，也能闻到烟雾里能促进其发芽的化合物，这可能是大自然用来保证生命在森林大火中得以延续的途径。在南非纳塔尔大学和柯尔丝滕博施国家植物园工作的英国科学家发现，如果把植物的种子浸泡在水中，而水里又充满了烟雾中的化合物的话，那么有许多种子在完全黑暗的环境中也能发芽。大树也有嗅觉。好几位科学家已经证实，如果一棵树被害虫侵害，邻近的树所受的侵害就会轻一些。他们认为，第一棵树会"提醒"它的邻居通过释放害虫讨厌的气味来自我保护。

　　一些玉米、棉花和番茄植株具有不同的自卫办法。它们甚至可以发出独特的信号引来害虫的天敌。在佐治亚的实地试验中，科学家发现黄蜂可以接收遭受烟青虫攻击的植物发出的信号，黄蜂是很喜欢吃烟青虫的。黄蜂径直飞向这些植物，而不理会那些正被其他害虫啮食的植物。

　　番茄和其他浆果植物在邻近植物受到袭击时，都特别擅长发挥"闻"的本领。植株在感到它身处险境时，便把更多的能量用于促进果实生长，以保

证果实能够存活下来。菜农知道植物会对刺激作出这样的反应已经有几十年了，而他们通过击打或践踏番茄植株来增加产量也是出了名的。

菜农还知道利用植物的各种感觉对付他们不欢迎的植物。专家建议，喷洒除草剂的最佳时间是夏末，要恰好赶在天气变冷之前。杂草会在日间吸收除草剂，而当其感到气温下降时，它就会将农药以及为寒冬储备的养料一起吸到根部。这样，除草剂就会将草根杀死，而杂草就没有机会在来年重生了。

为什么有的植物能食虫

世界上有500多种食虫植物，在我国有二三十种。科学家把它们分成两大类，即高等食虫植物和低等食虫植物。

高等食虫植物如猪笼草、捕蝇草、毛毡苔等，它们利用叶子或变态叶，把昆虫裹住、粘住或关起来，然后把昆虫消化掉。猪笼草在叶尖上长出一个口袋，好像运猪用的竹笼，上面有个小盖子，贪吃的昆虫一旦失足跌进去，小盖随即关上，使昆虫飞不出来，成为它的"美餐"。有人曾看到一条蜈蚣跌进"猪笼"以后，居然也被它消化掉了。向四周伸出叶子的捕蝇草、毛毡苔等，在叶子上分泌出许多黏液，昆虫一旦接触黏液，就会被粘住，成为它们的美味佳肴。生活在水中的狸藻，是一种水生食虫植物，它的叶子旁边生有一个小囊袋，浮游生物进

入囊袋内，囊门马上关闭，然后慢慢地消化吸收。

低等食虫植物，就是食虫真菌。这类植物没有叶绿素，自己不能制造养料，但能依靠菌丝去粘捕或套捕一些原生动物（如线虫、轮虫、纤毛虫、草腥虫等），将它们分解吸食，从而获得生存需要的养料。

"发烧"的花儿

人们在北极地区看到臭菘花在冰雪中盛开，诧异之余，不禁疑窦丛生，这些花为什么会在那么冷的地方开放？

20世纪80年代初，瑞典伦德大学3位植物学家为了解开这个有趣的谜而奔赴北极。经过调查，他们发现臭菘花盛开的原因是因为花朵内部能保持比外界温度高得多的恒温。花儿为什么能"发烧"？3位瑞典科学家认为，这跟它们追逐太阳有关。他们将生活在北极地区的仙女木花花萼用细铁丝固定，以阻止其"行动"，然后在花上放一个带细铁丝探针的测温装置。旭日东升，气温升高时，被细铁丝固定的花朵内部温度要比未固定的低，因为未固定的花朵能随着太阳的运动而一直面朝太阳。因此，他们得出结论：花儿向阳能积累热量，有利于果实和种子的成熟。美国加利福尼亚大学的植物学家沃尔则认为，极地花朵"发烧"是因为脂肪转化成碳水化合物释放热量所致。他观察到极地植物臭菘在连续两星期的开花期间，漏斗状的佛焰苞把花中央的肉穗花序"捂"得严严实实，内部的温度竟然保持在22℃，用向阳理论显然难以解释。经测定，沃尔发现臭菘体内存在一种叫乙醛酸循环体的特殊结构，它的内部是生物化学反应的最佳场所。当植物体内的脂肪转变成碳水化合物时，花儿就"发烧"了。可不久，沃尔发现在另一种叫喜林芋的"发烧"花儿内部并不存在脂肪转化为碳水化合物的过程。喜林芋"发烧"是靠

花儿内部雄性不育部分的"发热细胞"。沃尔因此认为，花儿"发烧"是为加速花香的散发，从而更好地招引昆虫传粉。在寒气逼人的北极地区，一朵朵"发烧"的花就像一间间暖房，引诱昆虫前来寄宿，从而借助昆虫完成传粉。但美国植物学家罗杰和克努森却有自己独特的看法。他们认为，这些花儿"发烧"不仅为了招引昆虫，更重要的是为了延长自身的生殖时间，只有这样，才能从容不迫地开花结果，延续后代。

花儿为什么"发烧"，至今尚无统一的说法。大多数人认为，在没有掌握更多的第一手资料前，断然下结论是不可取的。

植物怎么把水由根部运送到梢部

如果你挑一担水到十几层高的楼房上去，必须要花费很大的力气。奇怪的是，植物却能把土壤中的水轻而易举地运送到几十米，甚至上百米高的梢部。它哪来这股力量呢？

植物运送水分的力量来自两个方面。一个是叶片细胞的牵引力。我们可以做一个实验：把一棵干的青菜，放在清水里，不一会儿，它就会膨胀起来，这说明水渗透到青菜里去了。植物运送水分也是这个道理。在阳光下，树梢上的叶片每时每刻都在蒸腾消耗水分，这样，细胞液的浓度就增加了。由于渗透作用，水分会不断进入细胞，于是产生一种牵引力。叶片在蒸腾消耗水分的同时，髓部专门运送水分的组织——导管里的水随着上升，这样，导管里就形成了一条水柱。另一个是根压。植物的根在吸收水的时候，还会产生一种压力，一般在1000多百帕，最高可达7000百帕左右。

这样，植物在上面有叶部的牵引力，下面有根的压力，一拉一推，土壤中的水就会源源不断地被运送到梢部。

植物有睡眠吗

睡眠是我们人类生活中不可缺少的一部分，经过一天的工作和学习，人们只要美美地睡上一觉，疲劳的感觉就都消除了。动物也需要睡眠，有的甚至会睡上一个漫长的冬季。可现在说的是植物的睡眠，也许你就会感到新鲜和奇怪了。其实，每逢晴朗的夜晚，我们只要细心观察周围的植物，就会发现一些植物已发生了奇妙的变化。比如公园中常见的合欢树，它的叶子由许多小羽片组合而成，在白天舒展而又平坦，可一到夜幕降临时，那无数小羽片就成对成对地折合关闭，好像被手碰撞过的含羞草叶子，全部合拢起来，这就是植物睡眠的典型现象。

有时候，我们在野外还可以看见一种开着紫色小花、长着3片小叶的红三叶草，它们在白天有阳光时，每个叶柄上的3片小叶都舒展在空中，但到了傍晚，3片小叶就闭合在一起，垂下头来准备睡觉。花生也是一种爱睡觉的植物，它的叶子从傍晚开始，便慢慢地向上关闭，表示白天已经过去，它要睡觉了。以上只是一些常见的例子，会睡觉的植物还有很多很多，如酢浆草、白屈菜、含羞草、羊角豆……

不仅植物的叶子有睡眠要求，就连娇柔艳美的花朵也要睡眠。例如，在水面上绽放的睡莲花，每当旭日东升之际，它那美丽的花瓣就慢慢舒展开来，似乎刚从酣睡中苏醒，而当夕阳西下时，它又闭拢花瓣，重新进入睡眠状态。由于它这种"昼醒晚睡"的规律性特别明显，才因此得芳名"睡莲"。各种各样的花儿，睡眠的姿态也各不相同。蒲公英在入睡时，所有的花瓣都向上竖起来闭合，看上去好像一个黄色的鸡毛帚。胡萝卜的花，则垂

下头来，像正在打瞌睡的小老头。更有趣的是，有些植物的花白天睡觉，夜晚开放，晚香玉的花，不但在晚上盛开，而且格外芳香，以此引诱夜间活动的蛾子来替它传授花粉。还有我们平时当蔬菜吃的瓠子，也是夜间开花，白天睡觉，所以人们称它为"夜开花"。植物的睡眠运动会对植物本身带来什么好处呢?这是科学家们最关心的问题。尤其最近几十年，他们围绕着植物睡眠运动的问题，展开了广泛的讨论。

最早发现植物睡眠运动的人，是英国著名生物学家达尔文。达尔文的说法似乎有一定道理，可是它缺乏足够的实验证据，所以一直没引起人们的重视。直到20世纪60年代，随着植物生理学的高速发展，科学家们才开始深入研究植物的睡眠运动，并提出了不少解释它的理论。

起初，解释睡眠运动最流行的理论是"月光理论"。提出这个论点的科学家认为，叶子的睡眠运动能使植物尽量少遭受月光侵害，因为过多的月光照射，可能干扰植物正常的光周期感官机制，损害植物对昼夜长短的适应。然而，使人们感到迷惑不解的是，为什么许多没有光周期现象的热带植物，同样也会出现睡眠运动，这一点用"月光理论"是无法解释的。

后来，科学家们又发现，有些植物的睡眠运动并不受温度和光强度的控制，而是由于叶柄基部中一些细胞的膨压变化引起的。例如，合欢树、酢浆草、红三叶草等等，通过叶子在夜间闭合，可以减少热量的散失和水分的蒸腾，起到保温保湿的作用，尤其是合欢树，叶子不仅仅在夜晚会关闭睡眠，在遭遇大风大雨袭击时，也会渐渐合拢，以防柔嫩的叶片受到暴风雨的摧残。这种保护性的反应是对环境的一种适应，与含羞草很相似，只不过反应没有含羞草那样灵敏。

随着研究的日益深入，各种理论观点一一被提了出来，但都不能圆满地解释植物的睡眠之谜。正当科学家们感到困惑的时候，美国科学家恩瑞特在进行了一系列有趣的实验后，提出了一个新的解释。他用一根灵敏的温度探测针，在夜间测量多花菜豆叶片的温度，结果发现，呈水平方向（不进行睡眠运动）的叶子的温度，总比垂直方向（进行睡眠运动）的叶子的温度要低1℃。这一微小的温度差异，已成为阻止或减缓叶子生长的重要因素。因此，在相同的环境中，能进行睡眠运动的植物生长速度较快，与其他不能进行睡眠运动的植物相比，它们具有更强的生存竞争能力。

植物睡眠运动的本质不断地被揭示。更有意思的是，科学家们发现，植物不仅在夜晚睡眠，而且竟与人一样也有午睡的习惯。小麦、甘薯、大豆、毛竹甚至树木，都会午睡。

原来，植物的午睡是指中午大约11时至下午2时，叶子的气孔关闭，光合作用明显降低这一现象。这是科学家们在用精密仪器测定叶子的光合作用时观察出来的。科学家们认为，植物午睡主要是由于大气环境的干燥和火热。午睡是植物在长期进化过程中形成的一种抗衡干旱的本能，为的是减少水分散失，以利于在不良环境下生存。

由于光合作用降低，午睡会使农作物减产，严重的可致使农作物减产三分之一，甚至更多。为了提高农作物的产量，科学家们把减轻甚至避免植物午睡作为一个重大课题来研究。

我国科研人员发现，用喷雾方法增加田间空气湿度，可以减轻小麦午睡现象。实验结果是，小麦的穗重和粒重都明显增加，产量明显提高。可惜的食，用喷雾减轻植物午睡的方法，目前在大面积耕地上应用还有不少困难。随着科学技术的迅速发展，将来，人们一定会创造良好的环境，让植物中午也高效率地工作，不再午睡。

为什么鸡血藤截断后会有"血"

　　鸡血藤很有趣，把它的茎截断，在断面上立刻会渗出淡棕红色的汁液，过一会儿，就成为鲜红色的汁液流淌出来。由于这种汁液很像鸡血，人们就叫它为鸡血藤。

　　鸡血藤是一种木质藤本植物，茎的外层是韧皮部，里面是木质部。在韧皮部里，有许多分泌管，这些分泌管排列组合成赤褐色的圆环，管中充满着棕红色的物质。当茎被截断后，"血"就从分泌管中渗出来了。鸡血藤是一种中药材，将它加工制成"鸡血藤膏"，具有补血、活血、通经活络等功效。

为什么说没有纯白的花

我们都知道，花美丽多彩，是因为花瓣里含有色素。花的色素有很多种，主要是由类胡萝卜素和类黄酮以及花青素组成。类胡萝卜素包含有红色和橙色及黄色素的类群体；类黄酮可以显出淡黄直至深黄的各个颜色；花青素则可以呈现出橙色、粉红色、红色、紫色以及蓝色等等。

那么，白色花的花瓣里有无白色的色素呢?科学家们经过试验，并未从它的花瓣中找出白色素，而是从白色花瓣中提取出了一种淡黄色的或者近于无色的黄酮类的物质。把这种物质溶于水中，也并没有找到白色的液体，只是一种无色透明的液体。所以我们看到的白色的花，并不是类黄酮物质所造成的。那么，成为白色的花的原因是什么呢?

科学家们发现，把花瓣一横切，从切面中可以看出花瓣的上表层有一层排列比较紧凑的细胞，如同叶片表层的栅栏结构一样，花瓣中包含的色素便存在于这层细胞中。这层细胞就叫作色素层。色素层里面的细胞排列是比较疏松的。细胞反射出来的时候，又会通过色素层，之后进入我们的眼帘，这样我们就能够看到各式各样的颜色了。可是在白色的花瓣色素的细胞之中，仅有淡黄色的或者近乎无色的色素，它反射出的淡黄色，是我们肉眼几乎分辨不出来的，感受到的只是白色。有意思的是，在花瓣的下层疏松的细胞间隙之间，有很多由空气组成的微小气泡，这些气泡是无色、透明的，阳光直射在它们"身上"再反射出来的时候，我们就能感觉到是白色的了。所以，从本质上来讲，纯白色的花是不会有的。

 燕麦有 "眼睛"

　　燕麦竟然也有 "眼睛" ?燕麦的 "眼睛" 其实是构成燕麦植株的细胞的光感受器。依靠自己的 "眼睛" ，燕麦不仅能 "看见" 光，而且还能感受到光的波长、光照的强度和时间。其实，不仅燕麦有 "眼睛" ，所有的植物都有 "眼睛" 。正因为如此，植物才能适时地控制开花，变换叶子和根的生长方向。

　　20世纪初，欧洲的植物学家忽略了植物 "眼睛" 的作用，结果吃了大亏。起先，他们千方百计培育只长叶子不开花的烟草，以提高烟叶产量。但烟草不开花就得不到好的烟草种子，人们只能在冬天到来之前把烟草搬入温室，让烟草在温室里开花结籽。烟草为什么只在温室开花？多次的实验证明，是光照时间的长短影响了烟草的开花。

　　上世纪50年代，我国东北的试验田曾试种过来自南方的水稻良种，它们长得像牧草那样茂盛，可就是不抽穗扬花，最后弄得颗粒无收。而东北的水稻良种引种到南方，往往连种子都捞不回来。这些都是忽略了植物 "眼睛" 的缘故。

　　近年来，科学家加紧了对植物 "眼睛" 的研究，从而发现全世界的植物可分为白天光照需要超过12小时的长日照植物和少于12小时的短日照植物以及对光照并无苛求的中性植物。科学家还发现植物的 "眼睛" 比较喜欢天然阳光，而且各类植物偏好不同时间的阳光，譬如，清晨浅红色的阳光能使生菜籽发芽，黄昏时暗红的阳光则使其发芽停止。

　　经过长期不懈的努力，最近，科学家终于从植物细胞中提取出含量甚少

（30万棵燕麦苗中只含几克）的感光视觉色素——一种带染色体的蛋白质，它就是植物的"眼睛"。染色体使蛋白质呈现蓝光，因而使"眼睛"具有吸收光的能力，对不同波长的光产生不同的化学反应。如藻类能对红光、橙光、黄光和绿光都产生反应。清晨，当太阳升起时，植物的"眼睛"看到了浅红光就显得异常活泼，黄昏时分天边出现暗红色，视觉色素变得迟钝，植物就闭上了"眼睛"。

通过进一步研究还发现，因为有了"眼睛"，植物的全身才有灵敏的感觉系统，对光产生各种反应。有一种藻类用"眼睛"根据光照的强弱和角度，在水中游动，甚至可以旋转90度。一些蓝藻为了寻找适宜的光照，还能在水中漫游，邻近的植株遮住了光线，"眼睛"就"命令"植物尽快生长，超过障碍，以得到充足的阳光。

人们利用细胞生物学的最新成果找到了植物的"眼睛"，但对它的了解尚显粗浅，要彻底揭开这个秘密，还得依靠科学家们长期不懈的努力。

怪异的蔬菜解码

1.彩色蔬菜。科学家们为了让蔬菜在餐桌上更有色彩，先后培育了"多色马铃薯"、"粉红色菜花"、"紫色包菜"、"红心萝卜"以及红绿相间的辣椒、紫色大头菜（甘蓝）。

2.袖珍蔬菜。美国植物学家培育出十多种"袖珍蔬菜"，如手指般粗的青瓜，拳头大的南瓜，绿豆一般细小的蚕豆和辣椒，子弹大小的西红柿等，不但满足了美国人标新立异的心理，而且更为鲜嫩可口。

3.减肥蔬菜。这是西欧一些国家最近培育出来的一种名为"吉康菜"的

优质蔬菜。它嫩黄软白，入口清脆，微带苦味，并含有丰富的钙及维生素而且含热量低，是理想的减肥菜。

4.高氨基酸蔬菜。选用氨基酸含量较高的细胞，移植到另一种蔬菜上，等它逐步分裂繁殖后，即可获得新品种。目前，植物学家已成功地培育出具有强化营养功效的西红柿和马铃薯。这样，人们只要吃一种蔬菜就可以得到多种蔬菜的营养成分了。

5.电脑蔬菜。日本一个蔬菜超级市场，出售新鲜的用电脑自动控制培养法栽培的蔬菜，品种有西红柿、土豆、萝卜等十几种。顾客购买时，可直接从放置在超级市场的密封温室的培养槽中，亲手从植株上把自己喜欢的蔬菜摘下来。

6.清洁蔬菜。清洁蔬菜也叫"无公害蔬菜"，它不使用农药，多是在温室和塑料棚中，用"无土栽培法"生产出来的，所用的肥料、水、空气保证没有污染。目前，西方多数国家都在推广这种蔬菜。

7.超级蔬菜。最近，日本一超级市场出现了一种即产即销的超级蔬菜，由该市场的"生物农场"生产。这种"生物农场"是一个大温室，设有溶液培养槽以及钠光灯培养基，供培养各种蔬菜之用，全部设施都由电脑控制。由于这种从"生物农场"培养出来的蔬菜不仅在生长时间上要比传统种植的快5倍，而且在体积上要大2倍，故被人们称为超级蔬菜。

8.橘红色的白菜。它是一种菜心为橘红色的白菜新品种，已被日本一家种苗公司开发成功。该公司当初的目的是为了提高白菜的抗病能力，在白菜与芜菁的杂交过程中，无意中发现白菜的中心部分长出橘红色的菜心。该品种色、香、味俱佳，可供做色拉与生食之用，无形中提高了白菜的食用价值。

9.懒人蔬菜。我国台湾肥料公司最近培育了一种不需要土壤，也不用施放农药的盆景式蔬菜，这种蔬菜的生长期为3～4个星期，人们只要在盆里放入种子，然后加入特制的栽培液，最后加满水即可。这项成果使人们足不出户便可吃到白菜、菠菜、黄瓜和番茄等新鲜蔬菜，故有懒人蔬菜之称。

植物在太空如何生长

在《西游记》中，天宫被描绘成极乐胜境，那儿有延年益寿的蟠桃和各种各样的奇花异草。

但这一切仅仅是人类的美好愿望，今天的科学已经证实，月亮和地球周围的星球上实际是一片荒凉，看不到任何生命的踪迹。

那么，植物能不能在太空生长呢？太空具备地球上无法达到的优越条件，那就是一天24小时都有充沛的阳光照射。从理论上说，太空可以长出产量质量远胜于地球的超级植物。为了实现这个激动人心的目标，科学家着手的第一步，就是利用宇宙飞船把地球植物送入太空，观察植物的生长情况。

1975年，苏联"礼炮-4"号宇宙飞船上的宇航员在飞船内播下小麦种子。一开始，情况非常良好，小麦的出芽和生长速度比在地球上快得多，但后来不仅没有抽穗结实，反而毫无方向地散乱生长，最后枯萎死亡。同样，豆角、黄瓜等植物的栽培实验也都失败了。

科学家经过反复实验，发现植物无法在太空生存的原因是因为失重。我们知道，任何物体进入太空都会产生失重，植物在宇宙飞船失重的情况下，往往只能存活几个星期。为什么植物对重力那么"依恋"？原来，长期生活在地球上的植物因为有重力作用，拥有一种独特的生理功能，植物体内的生长激素总是汇集在茎的弯曲部位，有效地控制植物向下生长。可是当植物处

于失重环境下，生长素不能汇集到茎的弯曲部位，结果使茎找不到正确生长方向，只好杂乱无章地伸展，这样植物便自行死亡。

为了克服失重问题，科学家采用电刺激方法，结果获得成功。进入20世纪80年代后，许多种蔬菜和粮食作物，已能在宇宙飞船内开花结果，这给生活在完全密闭空间中的宇航员带来了福音。不论在空间站还是在宇宙飞船中，栽培了绿色植物，宇航员就能吃到新鲜的蔬菜瓜果，而且由于植物的光合作用，宇航员在飞船小环境中还会有取之不尽的新鲜氧气。更重要的是，太空培育植物的成功，使长距离的星际载人飞行有了可能。

今天，在宇航员的餐桌上已摆上了自己栽培的新鲜葱头。然而，科学家并没有为此满足，他们准备栽种更多的蔬菜，为宇航员向月球和更遥远的其他星球飞行创造生存条件。

神秘的"吃人树"

有这样一篇文章：

在非洲纳米比亚的内尔科克斯塔的莫昆斯克树林中，有一块近百平方米的地方由铁丝网围住，在它边上竖着一块醒目的牌子，牌子上赫然写着："游人不得擅自入内。"在它旁边还立着一块巨大的木牌，那上面详细地记载着过去曾在这里发生过的不幸事件，提醒游人珍惜生命。在这圈铁丝网中，矗立着两株巨大的樟树，它们的躯干庞大，直径足有6米多。其中一株樟树，由于生长期久远，树的底部已经腐烂，露出一个3米宽、5米高的树洞。两株樟树相距10米远，据专家分析，它们已经有4000多年的寿命了。

20世纪的某一天，法国人吕蒙梯尔和盖拉带着他们的家人来莫昆斯克度假，他们几乎年年都来内尔科克斯塔，只是到莫昆斯克丛林还是第一次。两家人到了莫昆斯克后，大人们便开始忙着安排宿营和晚餐。吕蒙梯尔去丛林拾拣干枯树木，准备烧火做饭。他的儿子欧文斯也闹着要一起去，盖拉的儿子亚博见小伙伴要走，也嚷着要去，于是，吕蒙梯尔带着两个小家伙走了。来到丛林深处，吕蒙梯尔自己拣柴禾，两个孩子却自顾自地游戏去了。

没多一会儿，吕蒙梯尔就听见两声叫喊，他听出是两个小家伙发出来的，心一紧，丢了柴火，便向发出声音的地方奔去，因为他知道非洲丛林中有许多食人猛兽出没。就在他跑出10多米远时，突然觉得自己的身体变轻了，跑起路来一点也不费力，接着他的身体居然飞了起来，而且直向前面一棵大树撞去。吕蒙梯尔双手挥舞着，大声叫道："不！不！放下我，放下我。"

"砰"，吕蒙梯尔弹在了树上，立即昏了过去。当他醒来时，发现自己紧紧地贴在树上，无法动弹。不知什么时候，欧文斯和亚博已经来到他身后。他们对他说："快脱掉衣服，否则你无法离开这棵大树的。"他转过头来，发现自己的头和手可以动，但穿了衣服裤子的部位却不能动，再一看，儿子和亚博的衣裤正贴在树上。

欧文斯赶紧上来用刀划烂父亲的衣裤，吕蒙梯尔才从树上滑下来，最后还咒骂了树一句。吕蒙梯尔想从树上拔下衣裤来遮挡身体，没料到他刚一接触衣服，又被树木吸住，他吓了一跳，再也不敢扯那衣服，转

身带着两个孩子回去了。

快到宿营地的时候，吕蒙梯尔对儿子说："你们先回去，你叫母亲给我带条裤子来，我总不能赤身裸体地回去呀。"两个孩子听话地回去了，不一会儿，亚博的母亲盖拉太太来了，她看见吕蒙梯尔的样子又羞又惊，忙问他是怎么回事儿。当吕蒙梯尔把事情的经过告诉她后，她要求吕蒙梯尔带她到大树那里去看一看。吕蒙梯尔连忙拒绝，说："假如被那大树吸住的话，只有脱光了衣服才能离开那里，我们现在去，让你丈夫和我妻子菲莉看见了，那怎么是好。"

于是，盖拉太太回到营地后，硬拉着丈夫，随儿子亚博去看稀奇了。约半小时后，只见亚博惊慌失措地跑来，告诉吕蒙梯尔："我父亲请你快快去，我母亲被吸进了一个大树洞里，请你快去帮助救我母亲。"

10多分钟以后，盖拉赤裸裸地哭着回来了，他伤心地对吕蒙梯尔说："我妻子死了。"盖拉说他们走到那里时，盖拉太太首先飞了起来，向一株大樟树飞去，盖拉想上前拉住妻子，却被吸到相反的方向，撞在另一棵树上。这棵树才是吕蒙梯尔遇见的那一棵，而他太太则飞向了另一棵树。

亚博早有准备，他是光着身子去的，他看见母亲飞进树洞，跑去一看，里面黑乎乎的，不敢钻进树洞救母亲，就将父亲从另一棵树上救了下来。盖拉忙叫儿子去告诉吕蒙梯尔一家，自己走进了树洞。他来到树洞口，见里面又黑又湿，他鼓起勇气叫着妻子的名字，却没有回应。待他走到洞的深处，发现太太已经曲蜷成一团死去了。吕蒙梯尔责怪盖拉为什么不脱掉他妻子的衣服。盖拉说他当时太紧张，没有想到这件事。待他俩再次来到树洞准备将盖拉太太的尸体搬出来时，却发现盖拉太太不见了。

这件事传开以后，有几个年轻人争着要去体验一下，他们3男4女共7人来到莫昆斯克。罗德兹等3个男青年发现，无论如何他们只能被吸到右边的那棵树上。其中一名叫斯兰达的青年做过一次试验，他穿上衣服，靠近左边有树洞的樟木树时，不但没有被吸入洞中，而且可以顺利地走进走出。这个试验表明，有树洞的樟树，对衣服没有吸引力，而右边的那棵树，则不管什么布料都往上吸，而且布料在树上停留两个小时后，就会消失无踪，像被吸收了似的。因此，他们怀疑盖拉在撒谎。因为盖拉说，他走进洞里看见他太太死去，但没有力气将她拖出来，理由是太太穿着衣服。然而，现在的试验表明，这个洞根本就不可能吸住人，而且，当吕蒙梯尔和盖拉再次来到树洞时，里面却根本就没有人。为了证实自己的推理的正确性，他们又做了一个实验。斯兰达穿戴整齐，贴在右边会吸住人的那棵树上，两小时后，大家吃惊地看到斯兰达身上的布料像被风化了一样荡然无存，而他则完好无损地落下地来。

回到营地，他们添油加醋地向4名女青年描述他们的试验经过，逗得她们心里痒痒，想亲自去看看这两棵天下奇树。3名男青年见劝不住她们，又觉得并没有什么危险，就由她们去了，只是罗德兹远远地跟在她们后面。当4个姑娘离樟木树只有七八十米远的时候，罗德兹陡然看见4个姑娘一齐飞了起来，她们惊叫着冲向了那棵有洞的樟树洞口。他大叫着："快脱衣服！"并迅速脱下自己的衣服赶去救人。

樟树洞口不能同时吸进4个人，其中一个姑娘抓住洞口，拼命地呼喊着让罗德兹快去救命。罗德兹来到树前，看见姑娘的双腿和大半个身体已经被吸进洞去，只剩头和双手还在树外，但不到两秒钟，她们就再也无力抵挡，都被吞进了树洞。

罗德兹不顾一切地冲进洞中，见4个姑娘挤在一起，还有呼吸，他迅速扒光其中一个姑娘的衣裤准备往外拖，却怎么也拖不动。待他再去探姑娘们的鼻息时，发现所有的姑娘都没了呼吸。而他却纳闷，怎么自己一点事也没有？

等罗德兹回去叫同伴返回洞中时，洞中已空无一人，她们不知到哪里去了，洞中只留下4副耳环和5枚戒指。

　　3个青年回到温得和克，并向政府讲述了这件事。有人为此建议政府砍掉这两棵害人的大树，但当地政府就是舍不得，最后用铁丝将它们围起来了事。

　　这是多么可怕的植物啊！类似这样的文章还有不少。有报道说这种植物就生长在印度尼西亚的爪哇岛上，有的说在南美洲亚马孙流域的原始森林中也发现了吃人植物。由于文章详细逼真的描写，结果使很多人都相信，在我们这个人类居住的星球上，似乎真的存在一种会吃人的植物。

　　吃人植物的传说，很容易使普通人信服，可是严肃认真的植物学家却对此产生了很大的怀疑。因为在所有有关吃人植物的报道中，都缺少吃人植物的真凭实据，即清晰的照片或实实在在的植物标本。植物学家们决心把植物吃人这一"悬案"查个水落石出。

　　吃人植物的最早传说是从哪里来的呢?科学家们查阅了大量文献资料，终于发现，有关吃人植物的最早消息，是来自19世纪后期的一位德国探险家。此人名叫卡尔·里奇，他在去非洲探险归来后，于1881年写过一篇探险文章，里面提到过吃人植物。卡尔·里奇在文章中写道："我在非洲的马达加斯加岛上，亲眼见过10种能够吃人的树木，当地的土著人把它奉为神树。这种树的树干有刺，长着8片特大的叶子，每片长达4米，叶面上也有锐利的硬刺。曾经有一位土著妇女，恐怕是因为违反了部族的戒律，被许多土著人驱赶着爬上神树，接受神的惩罚。结局十分悲惨，树上带刺的大树叶，很快把那个女人紧紧地缠住，几天之后，当树叶重新打开时，一个活生生的人已经变成了一堆白骨。"

　　于是，世界上存在吃人植物的骇人传闻，很快就四下传开了。后来，从亚洲和南美洲的原始森林中，也传出了类似的传闻，甚至越传越广。

　　为了证实这些传闻，1971年底，一支由南美洲科学家组成的大型探险队，专程赶赴马达加斯加岛考察。他们在传闻有吃人树的地区进行一遍又一遍的仔细搜索，结果并没有发现卡尔·里奇描述的吃人树。

除此以外，英国著名生物学家华莱士，在他走遍南洋群岛后，叙述了许多罕见的南洋热带植物，但也未曾提到过吃人植物。所以，植物学家越来越倾向于认为，世界上也许根本就不存在能够吃人的植物。

那么，吃人植物究竟存不存在呢？还是人们没有再次发现它呢？到目前为止，依然是个谜。

南北极也有植物吗

地球的南极、北极是常年冰雪覆盖的地方。在极地中间最为寒冷，夏季短暂，冬季长达8个月，常年冰雪覆盖，不会融化。那么，在如此严寒的地方是不是会有植物生存呢？首先，我们必须弄明白南北极通常是指哪些地方？根据地球区域的划分我们可以知道，地球南纬度66.5度以南的地区全部称作南极，而地球北纬度66.5度以北的地方全部称为北极。南极是一片大陆地，常被人称作南极洲，南极洲表面覆盖着厚厚的一层冰雪。北极正中是一片冰地，事实上它是海洋上飘浮的一块冰层，人们把这个海洋称为北冰洋。北冰洋四周的陆地从属于北极地区的有以下几个：俄罗斯北部、加拿大北部、芬兰北部、挪威北部和阿拉斯加北部等地，还有许多大小岛屿，如格陵兰岛和新地岛等。

只要你留心观察，你会在电视节目中发现那里有许多北极熊、驯鹿和鸟类生活的情景。除了食肉动物外，那里还有食草和食植物果实、种子的各种动物。由此我们可以知道，那里气候虽然严寒，但还是有植物生长的。要不然的话，吃植物的动物怎么能在那里生活呢？另外，科学家还发现，在中央地带有地衣等植物，像新地岛已经被发现有多于500种的南北极的地衣，格陵兰岛也发现300种地衣。甚至极地边缘地区还有各种各样的高等植物，像仙

女木、罂粟等。另外，我们还能看到不少有价值的植物，如辣根，它可以用来抗坏血病的药物；沼泽乌饭树的果实可以食用；禾本科、莎草科的植物均能做饲料使用；等等。至此，如果你以前有疑虑的话，那么现在应该明白了吧！南北极非但有植物，而且植物还不少呢！假如有机会，你亲自到那里去进行科学考察，对这些知识就会知道得更为详细了。

为什么大花草散发出臭味

大花草的花是世界上最大的花，直径有1米多。它有5片又厚又大的花瓣，颜色鲜红，上面还有许多斑纹。花朵中央是一个大蜜槽，看上去就像是一只大脸盆，从里面散发出一股很浓的臭味。

大花草散发出的恶臭味能飘得很远，森林里的大型动物一闻到，就会赶快跑开。可是，小昆虫却非常喜欢这种臭味。大花草一开花，小昆虫就会飞来，它们在采食花蜜的同时，还帮助大花草传播了花粉。所以，大花草的臭味既能保护自己，又有利于繁殖后代。

不怕扒皮的树

俗话说："人怕打脸，树怕扒皮。"虽然在世界上不怕打脸的人不曾听说过，但不怕扒皮的树倒确确实实存在。

树皮可是个大家族，有多少种树就有多少种树皮。树皮有的光滑，有的粗糙；有的薄，有的厚；有红色，也有白色……真可谓形形色色，千奇百怪。树皮有长在树外面的表皮，有长在外表皮和木质中间的韧皮。

树的外表皮像忠诚的卫士，终日顶风冒雨，遮挡烈日霜雪，护卫着树的全身，保证树体内韧皮部上下运输线的畅通无阻。如果树皮遭到破坏，就会使运输线受阻，造成根部得不到营养而"饿死"，树上的树叶得不到根部的水分而无法进行光合作用，也就慢慢枯萎。可见，树怕扒皮的说法是有道理的。

然而，树中也有在扒皮之后，仍能死里逃生的"硬汉子"。栓皮栎树就是一个例子。栓皮栎树在一生中（寿命为100～150年），虽要经过几次扒皮，却不会"伤筋动骨"，而且仍然生命不息，健壮地成长。这其中的奥秘在于栓皮栎树的皮下长有一层栓皮的"形成层"，它可以向内分生出少量活细胞，称为"栓内层"，向外侧分生出大量的栓皮细胞，称为"软木"。随着树木的生长，栓皮也逐年加厚，5～6年就可以扒1次皮（"处女皮"要等20岁以后才能剥去）。但在扒皮时要注意留下有生命的栓皮"形成层"，只要它不受伤害，就仍然可以照常输送水分和营养，栓皮栎树也就能死里逃生。

栓皮栎树皮——软木，看上去很像鳄鱼皮，它的用处可大了。用于生活上，它可作桶盖、瓶塞等；用于工业、交通、国防建设方面，它是物品

冷藏中最佳的隔热材料；它又是物理、化学试验中良好的保温材料；它还是汽车汽缸中优良的密封材料。在人们追求"自然美"成为高雅时尚的今天，软木又在建筑装饰上获得了一席之地。

科学家对树木"形成层"的研究，正在应用于对杜仲、黄檗、厚朴等制作中药材的树木的取皮上，从而告别了过去那种"杀鸡取蛋"、"砍树取药"的笨办法。如果这方面的研究能应用于更多的树种，人们的生活中将会有更加丰富的树皮制品。

不怕刀斧砍的树

一般的树木，在生长过程中最怕的就是被刀斧砍伤。然而，树中也有不怕刀斧砍的"硬骨头"，它被刀斧砍过反而花繁果丰。杧果树便是树木中的这种"硬骨头"。

杧果树，属于漆树科、杧果属的常绿乔木。树冠生长得繁茂，呈球形，树皮厚，为暗灰色，树干高大粗壮，树高10～20米，寿命可达几百年。杧果树具有不怕刀斧砍的硬劲。在民间流传着这样一段故事：在很久很久以前，有个岭南人为躲避官府的追捕，逃到南洋，以种花、果树为生。他栽种的杧果树，生长得树壮、枝粗、花繁、果密。没多久，他便成了当地栽种杧果的名家。这一出名不要紧，官府探得消息后，便派人到南洋去追捕他。由于他躲避得快，等官府的人追到南洋时，已不见他的人影。官府没有抓到人，于是，便拿他种的杧果树来出气，派人用刀在杧果树上乱砍一番。但没想到，被刀砍过的杧果树结出的果实比没有被刀砍的树结出的果实还多。后来，人们也学着用刀砍杧果树的办法促使其增产，果然灵验。于是，"刀砍树"的办法便传了下来。

随着科学的发展，人们逐渐弄明白了刀砍之法促果丰的科学道理。因为杧果的枝叶茂密，光合作用合成出来的大量营养物质都由运输线传给了根部，以供根系长粗、伸展之用。过多的营养输入根部，枝叶积累营养就会不足，从而影响开花、结果。如将树皮砍开道道口子，就可以阻止过量的营养输进根部，枝干营养丰富了，便可以促进多开花，花开得多，果实自然也就结得多。据说，杧果原产于印度，印度栽植杧果已有4000多年的历史。有趣的是，第一个使杧果扬名于世的却是一个中国僧人。当然，那已经是公元629年~公元645年，中国高僧玄奘到印度时的事了。

随着科学的不断进步，现在，人们已经采取更科学的办法，取代刀砍法使杧果获得更大的丰收。

为什么竹子长不粗

一棵小树，随着植株长高，它的茎（主干）会慢慢地增粗，若干年后，这棵树就成为有用之材了。

竹子可不一样，它的茎一钻出地面，似乎已定了终身，再也不会长粗。

　　竹子长不粗的原因在于它没有形成层。一般树木在树皮与木质部之间，有一层薄薄的但分裂能力很强的细胞，这层细胞叫形成层。春夏季节，气候温暖，是形成层细胞最活跃的时候，它向外分裂产生新的韧皮部，向内分裂产生新的木质部，这样，树干就增粗起来了。而竹子的茎中没有形成层，它是靠扩大细胞来增粗的。因此，竹子刚出土时还能长粗一点，到了一定程度后（细胞老化），就长不粗了。

　　另外，小麦、水稻、玉米、高粱等农作物，它们的茎也没有形成层，所以长到一定程度就不会长粗了。

为什么黄瓜会有苦味

　　一到夏天，又长又嫩的黄瓜便成熟了，乡下的农民大担小担地把它挑到市场上去卖。黄瓜肉脆汁多，并且带着一丝淡淡的甜味，生吃尤其清凉可口，煮熟了吃，甜中带脆。然而，并不是每根黄瓜或者黄瓜的每个部分都是味甜肉脆的，接近瓜柄的地方甚至有的整条黄瓜都很苦。这是什么原因呢？野生的黄瓜体内通常含有一种很苦的名叫葡萄糖甙的物质，这种物质可以防止其他动物吃掉它的种子，从而大大有利于后代的繁殖。随着农业的不断发展，劳动人民慢慢学会了栽培黄瓜。在长期的人工选择下，黄瓜渐渐向人需要的方向不断发展，苦味成分渐渐消失。但是也有很多黄瓜的瓜柄处还残留少许的葡萄糖甙，所以尝起来会很苦。

　　有些黄瓜并不是长柄端处苦，而是整条瓜都特别苦，这又是什么原因呢？原来，生物的进化方向有两种，一种是向前发展，被称为进化，这就是生物进化的主流。但是受环境的影响或因本身的变异，生物也会向反方向发展，称为返祖现象。如果某个植株又恢复了合成许多葡萄糖甙的能力，又由于天气变化阴晴不定，营养供给不良，遭遇虫害或黄瓜藤受损伤等原因，便易产生苦黄瓜。

　　苦黄瓜是能够遗传的，种下苦黄瓜的种子，它长大结出的黄瓜也一定是苦的，并且几代后还是苦的，因为

奇趣生物

这是由于植物的各种不同性状是由基因控制的，黄瓜的苦味也是由其中一对基因控制的，并且很容易表现（显性基因）出来，因此，只要苦味基因存在，黄瓜便一定有苦味，因为基因是可以遗传的。

为了避免苦黄瓜给生产带来损失，留种时一定要留好种，种植时一定要注意合理灌溉，并且及时除草杀虫，尤其要避免损伤植物体，这样可以有效避免结出苦味黄瓜了。

为什么牵牛花喜欢在清晨开花

夏天的清晨，太阳刚刚升起来，牵牛花就打开紫色的"喇叭"，显得既精神又漂亮。可是，过了几个小时，牵牛花的"喇叭"就好像有点撑不住了。到了中午，一朵朵牵牛花就全都萎谢了。

原来，清晨的空气比较湿，光线也很柔和，这时最适合牵牛花开花。而到了中午，阳光变得火辣辣的，空气干燥，气温升高，娇嫩的牵牛花花瓣很薄，里面的水分很快就被"晒干"了。

为什么植物会长"肿瘤"

人类同动物都会长肿瘤，那么植物也会长肿瘤吗？

是的，假如你留心观察，便会发现，有一些树龄较大的树干上会有一个个颜色很浅的突起物，这便是植物的"肿瘤"。这种"肿瘤"又是怎样生成的呢？有些植物在病菌与害虫的侵入与寄生的情况下，有一些细胞组织遭到破坏，细胞没法控制自己的分裂，遭到病虫害侵入的地方便会生出赘瘤。此外，有些植物遇到动物的袭击而受伤，有些植物遇到烈日曝晒后开裂受伤，有些植物经受不起狂风的摇撼从而折断受伤，有些植物遭到雷击，燃烧而受伤，它们的伤口会过度地裂开，这些都会产生生理上的赘瘤。

虫害引起的"植物肿瘤"的现象同样是平常的。有一种柑橘得了锈壁虱，则会引起果木的枝叶、花苞、果柄以及果蒂和果实生出瘿瘤。

"植物肿瘤"对植物的成长通常是有危害的。如果生出了"肿瘤"它必将会影响到植物体正常的代谢活动以及生长发育，干扰其开花结果，严重的还可能导致植物的死亡。可是有一种根瘤，是因为根瘤菌进入根的皮层后刺激根组织从而形成的，不仅无害，相反还有益。根瘤菌能够给豆科植物供应氮素，它和宿主形成共同生长的现象。

为什么蘑菇生长不需要阳光

蘑菇是几种可食用真菌的笼统称法，它们含有十分丰富的营养以及多种氨基酸，吃起来口味鲜美，被美誉为素中之荤，是人们喜爱的食物之一。

蘑菇又是一种十分奇怪的植物。说它奇怪，是针对它的外形而说的。有的蘑菇挺拔秀丽，有的却外貌丑陋；有的大如澡盆，有的却小如铁钉；有的味道如鸡肉，有的味道像辣椒。假如从它的生长习性来说，蘑菇通常喜欢长在阴暗的地方，并且不需要阳光。这是为什么呢？

原来，蘑菇属于一类好气性的腐生真菌，而且它没有叶绿素，也不像一般绿色植物那样依靠光合作用来制造出有机物质以便供自己的生长需要，而是依靠吸取培养基中现有的有机物质和矿物盐进行生长繁殖。正因为蘑菇具备这种十分特别的生理机能及构造，因此蘑菇不需要阳光照样可以生长。